形象管理

朱建国

著

上海交通大学出版社
SHANGHAI JIAO TONG UNIVERSITY PRESS

图书在版编目（CIP）数据

形象管理 / 朱建国著 . -- 上海 : 上海交通大学出版社 , 2023.5（2024.2 重印）

ISBN 978-7-313-28155-5

Ⅰ . ①形… Ⅱ . ①朱… Ⅲ . ①人物形象 – 设计 Ⅳ . ① B834.3

中国国家版本馆 CIP 数据核字（2023）第 049839 号

形象管理

XINGXIANG GUANLI

作　　者：	朱建国			
出版发行：	上海交通大学出版社	地　　址：	上海市番禺路 951 号	
邮政编码：	200030	电　　话：	021-64071208	
印　　制：	唐山富达印务有限公司	经　　销：	全国新华书店	
开　　本：	690 mm × 980 mm　1 / 16	印　　张：	12.5	
字　　数：	203 千字			
版　　次：	2023 年 5 月第 1 版	印　　次：	2024 年 2 月第 2 次印刷	
书　　号：	ISBN 978-7-313-28155-5			
定　　价：	48.00 元			

前 言

为什么好形象是成功的武器

在心理学界，很早就有了关于第一印象的研究。多数学者认为，第一印象的形成，需要几秒钟时间，而美国普林斯顿大学教授雅尼娜·威利斯（Janina Willis）的研究成果则将形成第一印象的时间缩短到 1/10 秒。她认为，我们在见到一个人的前 100 毫秒（1 秒 =1 000 毫秒）内，就会对对方的可信度、竞争力、攻击性、相容性和吸引力等做出判断。即使给你更多时间来研究对方，也很难改变你的初始判断。要想赢在第一眼，就要注重形象管理。

无论第一印象的形成是几秒钟还是 1/10 秒，它都是人际交往的起点，而且左右着未来的发展方向。第一印象包括哪些具体内容呢？

所有直接刺激接受者感官的，都是第一印象，具体包括体型、相貌、表情、气味、服装、动作等等。如果进一步接触，就会涉及嗓音、说话方式、习惯动作、处事风格等更多方面，形成一个比较完整的形象。

此刻，双方交往的基调就基本奠定了。是吸引还是排斥，是信任还是猜疑，是尊重还是鄙视，是互助还是拆台，都定下了调子。良好的形象，会开启一段成功的交往，而恶劣的形象则会阻断交往的进程，或者引向一个并不美妙的结局。

事业的成功，只能在社会中实现，其关键是成功地与人交往，获取机遇和帮助；而要想成功地与人交往，就必须塑造一个良好的形象。从这个意义上说，好形象无疑是帮助成功的利器。

目 录
contents

第一章　形象决定成败　/001

　　第1节　第一印象是人际交往的基石　/002

　　第2节　两个定律　/003

　　第3节　先塑造得休的形象，再真正走向成功　/004

　　第4节　成功者的形象　/005

　　第5节　自信是形象的关键　/007

　　第6节　在交际中优化自己的形象　/009

第二章　"穿什么，你就是什么！"　/013

　　第1节　人靠衣裳马靠鞍　/014

　　第2节　服饰意味着机会　/016

　　第3节　不做潮流的牺牲者　/018

　　第4节　着装要符合身份和场合　/020

　　第5节　扬长避短，树立自己的风格　/023

　　第6节　"不要太整洁"与"不要穿新衣"　/028

第三章　打造一个万能衣橱 / 031

第 1 节　色彩会说话 / 032

第 2 节　衣服怎么挑 / 034

第 3 节　服装的搭配要协调 / 036

第 4 节　怎样选购西装 / 038

第 5 节　休闲时间穿什么 / 040

第四章　穿正装有什么讲究 / 045

第 1 节　西装的几种类型 / 046

第 2 节　衬衫与西装如何搭配 / 047

第 3 节　领带是西服正装的灵魂 / 049

第 4 节　"永远不要相信穿破鞋子的人" / 051

第 5 节　鞋子的选购和保养 / 053

第 6 节　穿正装的注意事项 / 054

第五章　尽显干练与魅力——女性如何穿出高级感 / 059

第 1 节　职场女性的着装原则 / 060

第 2 节　裙装——尽显温柔与精致 / 061

第 3 节　裤子——能展示优点也能暴露缺点 / 063

第 4 节　如果你不是"魔鬼身材" / 064

第 5 节　袜子与内搭 / 069

第六章　加分的细节——配饰 / 073

第 1 节　小细节为成功埋下伏笔 / 074

第 2 节　腰带、围巾、帽子和手套 / 075

第 3 节　眼镜、手表和首饰 / 078

第 4 节　一只包点亮整身穿搭 / 084

第5节　打造你的专属名片——香水　/087

第七章　真正关注你的样貌 /091

第1节　没有人愿意透过你邋遢的外表，去了解的才华　/092

第2节　皮肤的保养秘密　/097

第3节　有效化妆　/100

第4节　好形象从头发开始　/105

第5节　最美的表情是笑容　/112

第八章　沟通的艺术 /121

第1节　名片　/122

第2节　自我介绍与介绍别人　/125

第3节　"只要你一张口，我就能了解你"　/127

第4节　交谈中的注意事项　/135

第5节　电话里的形象　/142

第6节　如何加深别人对你的印象　/148

第九章　学会控制自己的身体动作 /151

第1节　举止仪态会透露你是哪种人　/152

第2节　动作精炼，显示沉稳　/153

第3节　避免小动作　/154

第4节　握手　/156

第5节　眼神　/157

第6节　坐姿　/158

第7节　站姿　/160

第8节　走路　/162

第9节　手势　/163

第十章　工作和生活中的礼仪　/ 167

第 1 节　守时守约——树立可信形象的首要原则　/ 168

第 2 节　做事简洁　/ 172

第 3 节　公共场合礼仪　/ 174

第 4 节　手机使用的礼仪　/ 177

第 5 节　饭桌上的礼仪　/ 178

第 6 节　交往中其他细节　/ 186

第一章

1

形象决定成败

　　如果你想成功，就应该做出成功者的样子；如果你看起来就像成功者，那么不管你真实处境如何，人们都会把你看作一个比较重要的人物，从而给你更多的机会。要记住，为了实现成功的梦想，你至少要看起来就是成功者。

第1节 第一印象是人际交往的基石

第一印象是非常重要的。在我们的工作和生活中，凡是给别人留下良好第一印象的人，往往能得到更多的关照。如果你不想失去任何成功的机会，那么，一定要重视第一印象的作用。

心理学家指出，在与陌生人见面时，人们会凭借直觉，迅速对对方做出至少10条判断：年龄、健康状况、经济条件、受教育程度、家庭出身、社会阅历、可信度、是否容易交往、是否精明强干、成功的可能性等等。这就是第一印象，其形成时间只有几秒钟，而这几秒钟非常重要，既能判断过去，也能引导未来。

在零售业，有一个著名的"12秒原则"：销售人员只有12秒时间，利用产品的商标、包装和知名度吸引顾客的注意力。这个原则对我们同样适用：你只有12秒左右的时间给别人留下第一印象。

好的第一印象可以为你打开一扇门，你可以从容不迫地给大家留下第二、第三印象，从而有机会展示你的品质、你的能力。对第一印象好的人，人们就乐于对待，比较容易对其产生好感；而对第一印象不好的人，人们轻则冷淡对待，重则反感其人。不管怎样，第一印象一旦形成，就会对日后的交往起到一种奠基作用，即便后来的了解与最初的印象有所偏差，一般人也会下意识地服从最初的判断。所以说，第一印象的好坏，是影响人际交往成功的关键，没有良好的第一印象，就难以建立愉快的人际往来。

第一印象的重要性，又被称为"首因效应"。

其实，首因效应无所不在，不仅仅局限于人际交往领域。试想，为什么电影的开头往往很有悬念、情节离奇，或者场面宏大，或者特技突出呢？为什么大公司的前台，往往看上去很时尚很大气，服务人员的外貌、气质和言谈都很优秀呢？

好的第一印象，成为人际交往中首要的一环。这对某些内秀的人来说，也许不公平，但这就是现实。在繁忙的社会上，没有人愿意特地抽出时间来了解你，他们会迅速做出判断，而且一旦形成第一印象，就不会轻易改变。

第 2 节　两个定律

西方学者艾伯特·马伯蓝比（Albert Mebrabian）教授提出了一个"7/38/55"定律。该定律认为：我们对一个人的总体感觉，只有 7% 取决于他谈话的内容；38% 取决于他说话时的语气、手势等辅助性动作；而高达 55% 取决于他的外表，包括服饰、气质、神态等等。

也就是说，如果一个人不注意修饰外表，那么他的内在素质也许只能呈现出 7%。一片蒙尘的玻璃怎能让人看清美丽的风景呢？反之，如果外表妥帖得宜、谈吐大方得体，7% 的内在可以延展出 38% 的力道。换言之，同一个人，可以看起来有 100 分，也可以看起来只有 7 分。

你也许会说，真正重要的是内在品质。不错。但如果你无法引起他人注意，又有谁会打开外面的包装，来探究内在品质呢？如果连人际交往的门都打不开，又怎么可能登堂入室，展示自己呢？

在条件大致相同的工作对象中，我们会选择看上去令人愉快的人进行合作，而不一定选择能力最强的。

一个对 1974 年加拿大政府选举的研究发现，外表有吸引力的候选人与外表一般的候选人相比，其选票数是后者的 2.5 倍。社会心理学家做过这样一个实验：随机选择两组被测试者，其中一组穿上整洁高档的服装，打扮得风度翩翩，另一组则穿上邋遢的衣服，显得很随便，然后让两组人分别在走路时闯红灯。结果：风度翩翩的一组闯红灯时，尾随者占行人总数的 14%；而邋遢的一组，追随者只有 4%。这个实验说明，服装具有很强的感召力。

在现实生活中，我们总有一个错觉，就是我们会理性地做出各种决定。实际上不是的。即使在购买汽车这类大件商品时，我们也更重视感觉，比如汽车的颜色和款式给人的感觉。当然，购买者会查看很多资料（数据），但最终做决定时，往往还是感情战胜逻辑。

喜欢你的人才会与你交往，才会信任你，愿意同你做生意。在工作上，仅有工作能力是不够的，如果忽略了与人交往的技巧就很容易陷入困局。寻找工作、签订合同、赢得客户，这一切都需要感情的交流。切记：人是感情动物，应该努力让对方喜欢你。人们普遍喜欢那些穿着得体、落落大方、言谈优雅、待人友善的人，厌恶那些打扮邋遢、缺乏修养的人。

有的时候，我们的形象是通过照片展现给别人的，所以会不会拍照就很重要。在拍照之前，你要估量周围的环境，背景要好，光线要充足，向光比背光好，否则你的形象就会显得"阴暗"。在照片中，无论是你自己一个人，还是你把手搭在另一个人肩上，身体都要保持直立，不要斜靠在他人身上或墙壁上。眼睛要睁开，脖子要向上抻直，下巴不要往上翘，否则会显得盛气凌人，还会把鼻孔露出来。眼睛要望着镜头，不能毫无表情，因为摄影界有一句名言：眼神的接触可以创造一张好照片。如果你要拍的这张照片很重要，那么你应该先想清楚自己到底要展现怎样的形象。你可以事先浏览一下时尚杂志或商业期刊，从中寻找可资参照的模板，以便摄影师更清晰地了解你的意图。

第3节　先塑造得体的形象，再真正走向成功

许多年前，一个出身贫寒的小女孩来到美国纽约，在繁华区的一家裁缝店打杂。金碧辉煌的裁缝店仿佛童话中的皇宫，让女孩目眩。高贵的女士们乘着豪华轿车来到店里，在镀着金边的试衣镜前试穿漂亮衣服。她们与裁缝店的女老板一样，华贵典雅，举止得体，端庄大方。小姑娘很受触动：这才是女人应有的生活，我也要像她们一样！

于是，小姑娘开始塑造自己的新形象。每天开始工作之前，她都要对着镜子自信地微笑。她只有一件粗布衣裳，但她假装自己穿的是华贵漂亮衣服，在贵妇人面前从不自卑，待人接物落落大方。每当顾客上门，她总是直接迎上去，从容地向人问好。虽然她只是一名地位低微的杂工，但她以老板的心态看待自己的工作，尽心尽责，仿佛裁缝店就是她自己的。

不久，有许多客户开始向女老板反映："你店里最有气质的，就是这个小姑娘，而且她很有头脑。"女老板赞同地说："她确实不一般。"不久以后，女老板就把裁缝店交给小姑娘管理了。几年后，小姑娘的名字日渐响亮，大家都知道她叫"安妮特"；又过了几年，她成了服装设计师"安妮特"，最后成了"著名设计师安妮特夫人"。

《神奇大思维》（*The Magic of Thinking Big*）的作者舒瓦茨曾经说过："那些直接走向你，从容大方地伸手向你问好的人，肯定都不一般。"安妮特就是不一般的人，她的故事告诉我们，良好的形象能帮你叩开幸运之门，令你变得出众，帮你走向成功。如果你想成功，就应该做出成功者的样子；如果你看起来就是成功者，那么，不管你真实处境如何，人们都会把你看作一个比较重要的人物，从而给你更多的机会。要记住，为了实现成功的梦想，你至少要看起来就是成功者。

莫利先生还曾做过一个调查，对象是美国财富排行榜前 300 名中的 100 个执行总裁。其中，97％的总裁认为，衣着得体、魅力四射、具有成功气质的人会得到更多的机会，相反，那些衣着不合时宜、缺乏成功气质的人连面试关都很难通过。

美国得克萨斯州立大学奥斯汀分校的一项研究曾经对 2500 个律师进行了收入统计。结果显示，凡是具有个人魅力和成功气质的律师，比其他律师的收入要高出 14％。

这些数据、例子都在提醒着追求成功的人们：你的形象影响你的成败。

第 4 节　成功者的形象

Aslan 集团总裁赖特曾经有过这样一番话："世界级的领袖们都知道如何着装，尽管这话有些绝对，但你不得不承认，不管在什么时候、什么场合，他们的外部形象总是那么符合自己的身份。当然，他们并非都长得十分标准——高矮、胖瘦，体型各异，但他们选择服饰的时候，绝对会扬长避短，而且充分考虑场合等等外界因素。看吧！这才是领袖——对穿衣这种小事都一丝不苟，对自己的工作才有可能尽心尽力。"

不管是谁，如果想成为一个成功者，就要像那些领袖们一样，从小事做起，先关注自己的外在形象。成功者的形象是什么样的呢？他们往往是以这样的形象出现在公众面前的：

首先，从服装上来看，色泽保守朴素，西装以青蓝色和灰色为主，领带以蓝色或绛红色为主，而且花纹简单；白衬衣最普通，但是对于成功人士来说最正规。

尽管总体感觉朴素，达到的效果却不一般，因为青蓝色能令人感到威严与力量，而白色的衬衣让人觉得可靠，再配以恰当的领带，三者相得益彰、意蕴无穷。

当然，与服装相比，人本身是更重要的。他们的一颦一笑都显示出了十足的成功者的味道。脸上总是带着微笑，说话时声音洪亮而又有力量，速度偏慢，表现得沉稳自如。言谈中总是充满自信和激情，极富感染力。

需要注意的是，除了在非常正式的场合，成功者并不总是西装革履的。多数情况下，成功者会采取比较休闲的着装风格；与此相反，职位相对较低的人出于工作需要，平时也常西装革履（见图1-1）。我们都有这样的体会，如果一个人西装革履、夹着个公文包，面带微笑地朝你走过来，那么他很可能是个保险推销员、房地产中介或者发广告的；如果此人并不从事此类职业，那么他很可能受雇于人，事业上还处于缺乏安全感的阶段。与之相反，事业有成的老板和企业管理者往往不穿西装，而是习惯于休闲服装甚至运动服，当然了，他们身上的休闲服和运动服价钱可不低。这种现象当前在中国是很普遍的，这与西方国家有所不同。

不过，无论是在西方还是中国，成功者都有共同的形象特征，那就是神色镇定、举止从容、充满自信，而这正是成功形象的核心，可以说是"万变不离其宗"。

正如伦敦商学院著名的行为心理学家尼克森教授所说："有个性、有能力

图1-1

是人们对成功者的评价。"具体说来，成功者的形象应该"具有出类拔萃的魅力，嗓音有吸引力，手势充满自信，与人沟通和交流的时候能够运用丰富的身体语言"。这种形象能够点燃别人的热情，并使人们在不知不觉中接纳自己的观点；会给人留下深刻的印象，令人感到有吸引力，给人以温暖、可靠的感觉，令人难以抗拒。

第5节　自信是形象的关键

赵先生任职于某集团的人力资源部门，是一位资深的招聘专家。他曾经在北京大学的毕业生招聘会上做演讲，其中有这样一句话：在你走进来的时候，如果你表现得非常镇定从容，并且举止得体、面带微笑，那么，你肯定会为人们对你的态度而感到吃惊的。其实，无论是在招聘过程中，还是日常的工作和生活中，都应该表现得从容镇定。

看看下面的两种人吧：

一种人迈着有力的步伐走进会议室，热情洋溢地笑着说："来，咱们开始。"别人听了会说："好，我们开始。"短短几秒钟，这个人的自信形象就在别人眼中定了型。

另一种人则完全不同了，他迈着沉重的脚步，用非常颓唐的声音说："来，咱们开始吧。"他的同事们会暗暗地想："好，让我们开始超越你吧。"

假如你看起来很自信，在人们眼中你就是自信的；假如你看起来就心虚气短，在人们眼中你就是虚弱无力的。要想拥有成功者的形象，自信是关键。比如领导者，他们需要统筹全局、掌握大的发展方向，如果缺乏自信就难以担当重任，他们必须表现出充足的自信心——昂首挺胸、面带微笑，用坦荡的眼神扫过每一个人。只有这样才会赢得大家的信任。

林先生从事零售业，曾经多次面临生意上的危机，但都挺了过来，而且越做越好，他的经验之谈是：

在很长一段时间里，我的生意陷入困境，大事小事麻烦不断，乱纷纷的头绪弄得我焦头烂额、忧心忡忡。在这样的关键时刻，我总是提醒自己，千万不要在别人面前表现出哪怕是一点点的不自信。在关键时刻，哪怕是一点点的不自信，都会摧毁你在他人面前的形象，让人对你产生怀疑，从而让你陷入孤家寡人的境地。如果你孤立无援，你就什么都做不了。你必须要做一块激流中的岩石，看起来永远是那么沉稳镇定才行。必须自信，说话要流畅，步伐要稳健。

自信俨然成了成功形象的标志。

可是，如果自信真的不足又该怎么办呢？

首先，要坦然面对自身的实际情况，不管自己的外貌如何、体形怎么样，都要保持平稳的心态。有的人天生就出落得非常引人注目，有的人很善于保养自己，有的人则用上了微整形，以此来加强自己的自信心。其实，还有一种最为简便而又有效的方法——拥有得体的举止。你应该经常告诫自己"我能行"，这样你肯定会越来越自信，从而在言谈举止中表现出来，成为极富魅力的人。

另外一种方法就是向那些非常自信的人学习，看看他们是怎么做的。举个例子来说，当你得知自信的人可以做到用眼睛大胆地与人交流的时候，你所要做的就是照样子反复练习，直到它成为你的习惯。这一点你肯定可以做到。最让人感到有意思的是，尽管你是在练习，可别人并不知道这一点，他们很自然地认为你就是一个很自信的人，与你交往的时候就把你当作一个很自信的人。当别人用这样的态度对你的时候，你的自信心自然就有所提升。随着时间的推移，自信就会成为你性格中的一部分。

自信心可以大大提升你在他人心目中的形象，甚至会使你看上去更高大！多么奇怪啊，你形象的高矮会随着大家对你的看法而改变。假如你本身就很高，姿态又很标准，那么在人们眼中你就会是一个充满信心的、热情洋溢的、充满威严的、严于律己的人。如果你本身是个矮个子，姿态却很标准，那么在人们眼中你比那些高个子也矮不了多少。相反，即使你是高个子，但只要你摆出一副无精打采的样子，大家就会认为你是一个软弱的、不积极的、失败的人。这样一来，在人们眼中你就难以高大起来。

人们总是习惯于在自己崇拜的人物身上加上美化的光圈，总觉得他是"高于现实"的。有很多人在拜见了一个魅力人物之后，都会这样说："比我想的要矮一些。"杜莎夫人蜡像馆每年都要接待很多游客，他们说得最多的一句话就是："本以为这些名人都挺高的。"

所以，让个子变高的绝妙方法就是——充满自信，抬头挺胸，让自己具有领袖魅力！

第6节　在交际中优化自己的形象

日本的专家曾对很多夫妻的形象进行过研究，结果令人感到惊异：那些成功的男士看上去充满威严与智慧，可他们的妻子却给人平平无奇的印象。难道他们的结合不般配？答案是否定的，他们最初的起点并没有什么不同。但是结婚之后情况产生了变化：由于各种原因，男士们每天都要与外面的世界打交道，不断地奋斗，接触形形色色的人，办理各种各样的事；而妻子们可能整天围着自己的小家庭转来转去，在柴米油盐酱醋茶中消磨时光。时间长了，两个人的外貌、气质、言谈举止就会产生差别，并且这些差别会越来越大。

随着时间的流逝，一个人的学识、才能、品格及性格会逐渐表现在外部形象上。所以有人说，一个人在三十岁以后应该为自己的形象负责。

在人际交往中，如果我们时刻注意，就可以培养出美好的形象；一旦培养出了美好的形象，就可以促进人际交往的展开，获得更多的机会，从而在更高的层次上培养更好的形象。以此类推，形象与交际相辅相成、互相促进，使一个人在社会的阶梯上越走越高，获得更大的成功。

很多有一定阅历的人认为，我们的社会流传着一个定论，那就是："工作上评价人的标准只有工作能力。"而实际情况并非如此，人们还会根据你有多招人喜欢来判定你的工作能力。

这种观点恰好与两项研究的结果不谋而合。其中一项的结果显示：一个人处于怎样的工作阶层，做怎样的事情，"专业能力"所起到的作用只占15%，而剩下的85%都是"交际能力"所决定的。另一项对高层管理者的调查结果显示：有3/4的人觉得自己最欠缺的是"巧妙地处理人际关系的能力"，而他们认为，恰恰这一点才是一个成功人士最应具备的。

领袖是成功形象的典范。世界上存在着各种类型的领袖：动物们有自己的领袖，各个团体有自己的领袖……尽管所属领域各不相同，但是有一点却惊人相似，那就是他们选出来的领袖并非最聪明、最有能力的，而是那些具有"个性魅力"的，换句话说，是最受大家欢迎和信赖的一类。

有一位金融领域的专家曾说："我认识很多人，其中一部分接受过良好的教育，智力方面无懈可击，却一点儿也不懂得人情世故，与人交往的能力很差，跟他们交流很难。而我想投资的对象不该是这样，而应该是那些很善于解决问题的人——他们要具有吸引力，能把大家的眼球吸引过来，让人们都把他看成领袖人物，围绕他进行讨论，写着和他有关的文章，甚至把他说的话当作经典。"

如果你具有成功人士的魅力，那么大家眼中的你就会是聪明的、理智的、自信的、思路清晰的、目光长远的、有主见的、有正义感的、充满热情的、平易近人的、坚持原则的、面带微笑的、风趣的。你热爱生命，并能把这种情绪带给周围的人。另外，你总能表现得非常淡定从容，不管发生了多大的事情，都平心静气，而机会来临的时候，又涌现出一股当仁不让的冲劲儿。

可以说，成功形象就是在交际场上最可亲可敬的形象。如果想培养这种形象，就必须广泛而深入地参加社交生活。人的一生当中，平均大概有三十五年都在工作，而其中用来和同事、上司、生意上的伙伴、对手、客户等等打交道的时间，大概有四万个小时。只要你能抓住每一次机会，几乎每一分钟都能用来培养自己的形象，只要你不断地努力，就可以离自己梦想中的形象越来越近，甚至完全实现。

一定要记住：人的外部形象是可以改变的，但是随着年龄的增长，改变会越来越难。那么，就从现在开始练习吧！

TIP

本章要点

★在与陌生人见面时，人们会凭借直觉，迅速对对方做出至少10条判断：年龄、健康状况、经济条件、教育程度、家庭出身、社会阅历、可信度、是否容易交往、是否精明强干、成功的可能性等等。这就是第一印象，其形成时间只有几秒钟，而这几秒钟非常重要，既能判断过去，也能引导未来。

★我们对于一个人的总体感觉，只有7%取决于他谈话的内容；而有38%取决于他说话时的语气、手势等辅助性动作；而高达55%取决于他的外表，包括服饰、气质、神态等等。

★如果你看起来就是一个成功者，那么，不管你真实处境如何，人们都会把你看作一个比较重要的人物，从而给你更多的机会。

★需要注意的是，除了在非常正式的场合，成功者并不总是西装革履的。在多数情况下，成功者会采取比较休闲的着装风格；与此相反，职位相对较低的人出于工作需要，平时也常西装革履。

★无论是在西方还是中国，成功者都有共同的形象特征，那就是神色镇定、举止从容、充满自信，而这正是成功形象的核心，可以说是"万变不离其宗"。

★千万不要在别人面前表现出哪怕是一点点的不自信。在关键时刻，哪怕是一点点的不自信，都会摧毁你在他人面前的形象，让人对你产生怀疑。

2

第二章

"穿什么，你就是什么!"

得体的着装不仅能够给别人留下深刻的好印象，还能增强人的自信心，激发潜能，使人在前进的道路上不至于心力交瘁、困顿不堪。很多时候，人们的潜力被种种困境压在了内心深处，我们可以通过合适的方式将它们激发出来。

第1节　人靠衣裳马靠鞍

英国布里斯托大学心理数据调查中心曾经做过一个关于形象设计的调查，结果显示：有76%的人是凭借对外表的印象来判断人的，而60%的人认为，要想知道一个人的社会地位，只要看他的着装就可以了。大部分人喜欢同衣着打扮比较好的人合作，你的穿衣打扮很有可能影响你的办事效率。

尽管我们从小就被告诫说，不能光凭外表来判断一个人，可实际情况却往往并非如此。可以说，我们所生活的世界是一个"以貌取人"的世界！"穿什么，你就是什么！"西方的这句谚语，恰恰道出了我们在人际交往中不可避免的特性——以貌取人。

人的这个特性其实也不无道理，因为对美的追求是我们与生俱来的。在看待一个人的时候，我们往往凭借第一印象给对方进行定义，而衣着打扮往往是了解一个人的开始。在交往过程中，要想了解对方的性格以及内在的、深层次的思想感情，在短时间内是难以做到的，而直观的外在服饰却能帮人打开通往内在世界的窗口。它就像无声的语言，默默向人们传递着此人身份、地位、修养等等很多信息。

在很多时候，外表比语言更能说服别人，如果你想吸引别人，就一定要注意自己的服饰。得体的着装，会让别人对你产生进一步接触的欲望，因为你的服饰在默默地展示着你良好的内涵与气质，令人产生好感。它在告诉看到你的人："这是一个成功的、值得信赖的人。他很尊重自己，我们也该尊重他。"相反，假如你的穿着很不得体，甚至肮脏不堪，别人肯定不会把你和成功者联系在一起，而极有可能认为你是一个事业上比较失败的人。

我们可以设身处地地想一想，如果有两个人站在你面前，一个在服装、服饰上很有品位，另一个则在着装上很不得体，甚至连整洁都做不到，你会倾向于与哪一个接触？可以肯定，你很容易对前者产生好感，而对后者则会产生抵触情绪，他的能力往往会被低估。

　　"以貌取人"固然不好，可如今时代发展迅猛，凡事都讲求效率，我们不可能对所有人都进行深入的了解。反过来说，如果我们想在别人心目中留下美好的印象，也不能奢求他主动来了解你。你能做的，就是努力修饰自己，任何一个细节都应该认真对待，这样才能塑造完美的形象，在交往过程中少走弯路。

　　想要被看作是哪一类人，就要让自己看着就是那个层次的人才行。想想看，那些国际名牌服装价格不菲，买的人却也很多，原因很简单：在人们的眼中，完美的外表总是和成功者的形象联系在一起的；当一个人穿戴着高档的、有品位的服饰时，他（她）更容易给人留下事业有成、诚信可靠的印象。

　　很多大公司对员工的着装都有严格的要求，以便体现"专业水准"。为了塑造公司的形象，必须注意员工的形象。有些大公司的广告宣传就是直接以员工的形象为诉求点的。以保险公司为例，保险业务员绝不会随便穿上什么就去卖保险。他们知道，在顾客面前，能让对方初步了解自己的只有外在的形象，自己如果衣着得体、举止得当，就更容易获得说服对方的机会。要知道，人们看到你的时候是看不到你的大学学历的，他们只能看到你整洁而专业的外部形象。只有在这方面得到认可之后，你才有机会与对方进行交流，做成要做的事情。

　　我们所熟悉的那些成功者，无一不是注重穿着的人。比如商界传奇、香港"超人"李嘉诚，无论任何时间、任何地点，他只要出现在公众面前，都是一丝不苟的形象：深色西服、白衬衫、深色领带和深色皮鞋。整体形象传统、整洁而严谨，暗暗印证着李嘉诚的性格和处世风格，强化着一个值得信赖、堪当大任的商界领袖形象。

　　可以说，你的事业能否顺利，取决于你在他人心目中的形象，而形象中至关重要的一个方面就是服饰。在服饰方面不注意，相当于在降低自己的身份，贬低自己的能力，给自己的成功之路放置绊脚石。可能我们身边也有些人，基本上没有良好的着装习惯，有的可能是受到家庭的影响，有的可能是懒散惯了，对一切都无所谓。但总的来说，不管你是谁，不管你处于怎样的地位，公开场合下你都没有理由穿得随心所欲，更不能穿得一塌糊涂。

　　在我们这个社会上，大概只有两种人可以随心所欲地着装而又能得到大家的谅解，第一种是天才，第二种就是超级富豪。如果你恰好两种都不是，又想获得成功，那么，从现在开始关注你的衣着打扮吧！

记住："以貌取人"的现状是存在的，你的穿着打扮会影响整个世界对你的态度！

第2节　服饰意味着机会

在有史以来的成功学家中，拿破仑·希尔是其中之一，与卡耐基齐名。他在著作中记载了一段自己的亲身经历，生动地说明了服饰的重要性：

第二次世界大战结束的时候，除了再也用不着的两件军装外，我可以说是身无分文。虽然停战和议已经签订，但战争却摧毁了我的生意。那个时候的我并不比赤条条地刚来到这个世界上的时候好。面对被战争摧残得面目全非的生意，我不得不重新开始积累自己的财富。

那个时候我口袋里的所有钱加起来只有1美元，幸好我的信誉不错，所以那个裁缝并没有立即把我赶出去。他对我的态度还是像以往那样恭敬。我挑了三套最好的西装，量好尺寸后，我毫不犹豫地签下了账单，仅此一项就使我背负上了365美元的债务。临出门前，我还刻意告诉他要快一点做出来，因为我着急用。

从裁缝那里离开后，我又拐向了另一家服装店，在那里挑选了三套比较便宜的西装和他们店里最好的衬衣、领带等东西。等这个账单签下来后，我的外债已经上升到了675美元。

第二天清晨，我定制的第一套衣服送过来了。我立即把它穿在身上，霎时间，一种久违的感觉涌上心头，整个人都变得自信起来了。我努力回想自己以前的模样，尽量仿照以前的样式装扮自己。然后，又出去典当了一枚戒指，把得来的200美元放进裤兜。经过这么一番打扮，我已经感到自己像一个百万富翁了。那天，当我走在芝加哥密歇根大道上的时候，我的心中充满了自信。同时，我也十分肯定自己能够按时把那675美元的债务还清。

自此之后的每一天早上，我都把自己从头到脚装扮一新，在同一个时间准时出现在同一条大道上。这样做并不是说我愿意去那里散步，而是经过了长期侦查，有着特殊的目的。每天的那个时候，一个著名的出版商要经过那儿去上班。每次遇见他，我都要向他打个招呼，偶尔还要停下来和他聊上一两分钟。

我们就这样偶遇了大约有一个星期，然后在某一天的早上，我预备测试一下他会不会主动和我打招呼。于是，在我经过他身边的时候，我故意装作没有看到他的样子，继续向前走。从眼睛的余光中我看到他走了过来，见到我的时候，他停下脚步叫住了我。他很亲热地把手搭在我的肩膀上，温和地说："在战争刚刚结束的美国，你的状况看起来不错。你能告诉我你的外套是在哪儿买的吗？"

"噢，"我不紧不慢地回答，"这衣服不是买的，是在'威尔基与塞勒里'特别定制的。如果你有兴趣，我可以带你去那里。"

谈话就这样展开了，没多久我们就谈到了各自的工作。他问我是做什么的，我回答说自己正在准备发行一本新杂志。"一本杂志，"他略微思考了一阵子，接着说道，"那你准备给这本杂志取什么名字呢？""暂时定为'希尔黄金法则'。"我很快地回答。

"也许我可以帮忙。"我的这位新朋友如是说。我心中一阵狂喜，不过并没有表现出来。我期望的结果终于出现了。

后来我的这个新朋友请我一起去他的俱乐部，在那里我们仔细商谈了合作计划。在很短的时间内，他就"说服"我不要再去找其他的合伙人。最后，出于双方的意愿，我同意由他来提供资金。由于从一开始就占据了有利地位，在整个谈判中我得到了相当多的好处。在那个时代，要创办一本杂志是要花掉很多钱的，如果没有他的参与，单凭我自己是无论如何也做不起来的。

正是有了他提供的资金，杂志开始了良性运作，很快我也恢复了正常状态，偿还了贷款。很多时候我在想，如果当初我因为害怕欠下那么多的债务，从而蓬头垢面地活下去，那么我还会有今天的成就吗？坐在今天的位置上，我首先应该感谢的就是当初那几件得体的服装。

得体的着装不仅能够给别人留下深刻的好印象，还能增强人的自信心，激发潜能，使人在前进的道路上不至于心力交瘁、困顿不堪。很多时候，人们的潜力被种种困境压在了内心深处，我们可以通过合适的方式将它们激发出来。学会如何用合适的衣服来塑造自己，和学会如何调整自己的心态、如何选择目标、如何将思维都调动起来相比，至少是同等重要的。

第3节　不做潮流的牺牲者

有一位已经75岁的女士，思路依然很清晰，交际面仍然特别广，看起来并没有实际年龄那么老，显得很精神、很年轻。通过观察我发现，令她显得年轻的关键原因就是她身上的那些时髦的服饰。的确，时尚的服饰可以把我们衬托得更漂亮、更有气质，甚至更年轻。正因为这个原因，很多人对时装的流行趋势非常关注，就算你不去刻意追求流行，流行也会或多或少地影响你。

社会在不断向前发展，人们的着装观念会随之发生变化。时代不同，服装流行的趋势也会有所差别，从式样到颜色都会有或多或少的区别。你的打扮不落后于时代潮流，至少可以证明你同这个社会的联系是比较紧密的，你知道周围世界的变化。假如你的着装同时代相差太远，就会给人一种封闭、落伍的感觉。

举个例子来说，男士职业正装的时尚感主要是从领子和扣子上体现出来的，假如你穿了一件过时的大领子衣服，就会显得与时代格格不入；相反，如果你过于紧跟潮流，非常时尚、前卫，也会影响你在他人心目中的地位。

成功人士的着装与时尚之间的关系并不是单一的。一方面，成功者的着装要尊重时尚，那些过于老旧的衣服是必须抛弃的，比如，当窄领子开始流行时，宽领的服饰就应该暂时搁置起来；另一方面，紧跟潮流的服装往往使人显得不够稳重，也不能随便穿。

对于时尚，我们应该采取中庸的态度，"适度"是关键。

千万不要让自己的衣着打扮与流行趋势相差太远，但是盲目地追求时尚更不好。看看我们周围那些孩子们，不管是着装还是其他方面，都还未形成自己稳定的品位与风格，天性就喜欢成群结伙，跟着大多数人走。只要是新的、能让自己显得与众不同的，就愿意去尝试，甚至不惜去冒险。他们的想法就是让自己尽可能看上去很流行，比如把头发染成金色，把眼睛涂成蓝色，等等。

当然，这并不是他们的错，那个年龄的人大多会有这种盲目的冲动。即使是成年人，又何尝不愿意赶时髦呢？不光女士们，男士也是时尚潮流的追随者，这大概就超乎你的想象了。

英国和意大利的男人衣着是最得体的，于是，很多国家都开始仿造这两国的男装款式，专门的裁缝师也越来越多。如果一个时髦的女士出现在大家面前，大家似乎挺容易接受；如果一个打扮得像花花公子一样的时髦男士出现在大家面前，那很可能会令人感到难以忍受。

在美国，有人曾经做过一个关于形象的调查统计。结果，92%的公司总裁都认为，一个非常时尚、前卫的男子面试会不合格，从而得不到工作；而87%的人都赞同一点，那就是不应该允许职员身着时髦衣服来上班。

办公室是体现工作能力的地方，而不是用来比赛谁更时髦。成功人士的着装不是为了表现自己的前卫、洒脱，而是要塑造出成熟、有品位的形象，甚至要表现出一种权威、一种距离感，他们的穿衣原则与时尚是有本质区别的。

假如你想树立良好的职业形象，就不能盲目地追求时髦。你需要根据自己的职业和理想对自己进行定位，之后，挑选那些时尚而不前卫的服饰。假如服装所体现的权威感受到时尚的冲击，那么保守将会成为成功人士的最佳选择。许多非常富有或德高望重的人在衣着方面较之从前变得越来越保守，因为这些人明白，自己已经没有必要用独特的外表去引起别人的注意。

毫无疑问，服装能够影响一个人的形象。假如你想给人留下活泼开朗的印象，衣服就要时髦一些，这样你的心情也会变得更开朗。但是作为一个职业人士，你就得从另外一个角度出发考虑服装问题。应该从成熟、稳重的角度出发，为自己找准最佳定位——既不落后于时尚，又不盲目追随时尚。

成功的男性形象是相对保守的，绝对不能穿闪闪发光的布料做的套装，也不能穿鲜艳夺目的衬衣；在窄裤子流行时不要穿得过紧，在宽松的裤子流行时不要穿得过于肥大。

在着装方面，每个人都会经历一个模仿的过程。当今社会上，影视明星往往代表着时尚潮流，影响着人们的衣着打扮，不过有一点需要注意：这些人虽然受到众人的崇拜，但并不很适合我们去模仿。不同职业的人有不同的着装要求，不同年龄的人也应该有不同的着装风格，切不可随意模仿。

某权威色彩研发机构总是要每年公布一款流行色，比如某一年流行灰色，于是巴黎的服装店里满眼望去都是灰色。可对于我们黄种人来说，灰色往往会让我们显得脸色更黄，显得很不精神。于是有人选择了深灰或冰灰，既符合潮流，又很适合亚洲人的肤色，非常好看，可以说是两全其美。

第4节　着装要符合身份和场合

曹琳打算去应聘一家投资公司，那里需要的都是专业技术非常强的员工，所以她选择了很正式的职业套装去参加面试。而对于钱刚来说，假如把极为正式的西装套在身上，就会显得很别扭，因为他工作的地方是广告公司，他所从事的具体工作是艺术设计，对他来说，轻松随意的休闲服更为恰当，所以他从不选择西装。作为公司律师的孙丽希望自己的形象是干练而威严的，因此她和曹琳一样穿得很正式。魏军是个推销员，在和普通客户打交道的时候，他总是穿得整洁而休闲，看上去既可信又可亲；当他要去拜访大客户时，就会穿西装打领带，非常正式。

可以看出，这几位职场中的工作人员都很注意自己的着装，他们明白：不同的服饰，要配合不同的职业、身份和场合才行。职场如同舞台，假如穿着打扮与身份和环境不相符，就像是演员没有找准自己的角色，很可能会贻笑大方。

1999 年世界《财富》论坛在上海召开年会时，中央电视台和上海电视台邀请了 17 位著名企业家，进行了 12 场精彩对话。几乎所有参与谈话的企业家都是西装革履，看上去老成持重、一丝不苟，只有一个例外。他穿着衬衫和休闲裤走进演播厅，显得年轻、随意、潇洒，充满朝气。他就是雅虎（YAHOO）创始人杨致远。他的"另类"并没有引起反感，反而让人觉得眼前一亮。

杨致远是经过深思熟虑才采用这种装束的。他认为，雅虎作为一个互联网公司，代表着朝阳产业，它与传统产业不同，应该体现出青春的气息；另外，作为一个只有 37 岁的年轻人，他不必像老企业家那样老成持重。所以，休闲式服装更适合自己。

不同的角色定位，决定了你应该怎样穿着打扮。

一般情况下，我们需要根据场合的不同对自己的服饰做出调整。场合不同，情境气氛就会不同，对衣着打扮的要求就会有所不同。如果你的衣着与当时的环境相协调，就能为你的形象增添魅力；反之，即使穿得再华丽、高档，也会使你的形象大打折扣，甚至闹出笑话或者引起不快。

在比较正式的工作场合，着装的要求是庄重、大方。套装、套裙以及统一的制服是首选，时装、便装就不太合适。有的工作人员在上班时穿短裤、背心、运动服、拖鞋，这些更是不可原谅的，即使在气氛宽松的广告公司里也不行。也许这种穿着让你觉得很轻松，可别人不这么看，他们会觉得这种着装对工作来说太不正式，对别人也不够尊重，而且会让办公室显得有些乱，这样的你更适合去散步或是缩在沙发里。

对于个人来说，穿什么衣服完全是自己的事，谁都有选择着装的权利。但服饰是一种文化，从中折射出的是个人的素质、修养，换句话说，你的服饰不是为了你自己，你要为自己的身份打扮自己。

不同的职业有不同的着装要求。对于教师来说，着装的要求应该是整洁、大方，不过分追求时尚。如果老师打扮得太时髦，给学生讲课的时候肯定会分散他们的注意力，进而影响教学效果。医生应该让病人感到安全、值得信赖，所以服饰上一定要朴素、大方，如果穿得花枝招展、流光溢彩，就会让人感到浅薄、俗气，从而产生不信任感。金融业是个高风险的行业，工作要求严谨、细致、准确，工作人员的形象应该是精明干练，服装款式应该简单、大方，材质高档，颜色主要选择那些中性的、偏安静的，不能过于鲜艳、杂乱。保险、公关等行业与人接触非常频繁，每天都要不停地周旋，解决各种各样的问题，所以从业者应该选择色彩温和的、做工考究的套装，加上脸上的微笑，带给别人的是可亲近的专业形象。那些相对比较独立的行业，像程序设计、科学研究、电机人员，与人打交道的机会较少，其着装原则是轻松随意，但一定要整洁。

除了职场之外，其他很多场合的着装也不容忽视。在工作以外与同事、客户等等进行交流应酬的场合，也许存在着种种利益关系，着装上也要特别注意。一方面，必须整洁、体面，这样才能尊重别人、尊重自己；另一方面，不要过于讲究，否则会显得过于严肃、拘谨，不利于制造宽松愉快的气氛，有时候还会让人误以为你有什么企图。

大型宴会、商务酒会、记者招待会等等是较为正规的社交场合，着装要极为讲究才行，就算是平常习惯于休闲装扮的人，在这里也不能太随意。这里只承认雅致、精细的穿着，休闲服装对别人来说是一种不尊重。男士一般要穿西装，而且颜色要深；女士可穿套裙，要自然、得体，不能过分张扬，否则就是不礼貌的。

如果是去出席比较特殊的场合，最好事先进行一番调查，看看最得体的着装标准是什么、应该怎么穿。比如参加葬礼或去吊唁，服装最好是黑色或深色，女士不宜抹口红，最好不佩戴装饰品。

外出旅游、参观或休闲在家，着装就要讲究宽松舒适，式样可以随意一些，颜色可以活泼、鲜艳一些，以便充分体验生活中富有情趣的一面。

总之，要想塑造成功者的形象，在着装上就不能过于随意，一定要适合你当时所处的环境。在严肃的场合，过于随便的衣着会有损形象；在欢乐喜庆的场合，过于沉闷守旧的服饰会让你显得落落寡合；在悲伤场合过于突出显眼，则不够礼貌……

着装除了要注意场合，还要遵循"应时"原则，即与季节变化、一早一晚温差变化等等相协调。比如说，冬季十分寒冷，要注意保暖性，服装应偏重于深色，咖啡色、藏青色和深褐色比较适合；春秋季节以中浅色调为主；夏季着装的原则是简洁、凉爽，颜色以清淡雅致为宜。在我们的周围，总是可以看到一些很重视穿着却不得法的年轻人，他们在冬季最寒冷的天气里，仍然穿着西服、衬衫，打着领带。虽然他们的衬衫里甚至穿着毛衣，但是仍然给人一种哆哆嗦嗦很别扭的感觉，让人对他们的素质和经济状况产生怀疑（见图2-1）。

要尽量避免让以下不良的着装习惯损害自己的形象：

着装不符合自己的年龄。成熟的人穿得像个孩子，着装太小巧，装饰用的小玩意儿过多；而年轻人穿得又过于成熟。

故意穿得很随便，以为这样可以显得更容易亲近。这样做的效果往往不好，不仅会使自己的形象受损，还让别人感到不被尊重。

资历不高的年轻人穿着过于高档，戴名牌手表、穿高级衣料、系高档领带，这会令人感到很不舒服，似乎炫耀的成分比较多；如果在上司面前这样穿戴，可能会让上司产生对你不利的想法。

把套头毛衣塞进裤腰，这是任何一个成功人士都不该出现的着装细节，它会令你的身份急剧降低。

买一些特别便宜的服饰，穿的衣服很旧、很过时，显得很寒酸。或者把昂贵和廉价的服饰结合到一起穿戴，导致整体形象给人的感觉非常混乱。

第5节 扬长避短，树立自己的风格

冯妮在工作上非常出色，刚刚30岁出头就当上了市场部经理。她在着装上给人的感觉是整洁干练。她的衣服不是很高档，也不华丽，但是看起来很舒服，很合时宜，能把她自身的特点突显出来。

她的同事吴芳是一个追求时尚的人，总是跟着时装的潮流走，她的形象给人的感觉是变来变去，没有自己的特点。虽然她的衣服往往更贵一些，但是穿在身上的效果并不能得到大家的认可。

其实，不管穿什么样的衣服，一定要适合自己的体貌特征才好。否则，无论多么高档、贵重的服装，都会给人一种低俗的感觉。不能随便追随时装，也不能看到某人的衣服很漂亮就完全照搬，因为每个人的体貌特征不同，适合别人的衣服不见得适合自己。就拿旗袍来说，有的女士穿起来能给人一种高贵、典雅的感觉，而有的女士穿起来，带给别人的感受却是故作娇媚。后一种情况，是因为服装与人不协调，显得不伦不类。

服装是一种无声的语言，在同人体相结合的时候，应该能够把人的气质融合

图 2-1

进去，这样才能发挥应有的作用。

每个人的体型、脸型、文化素养、精神气质都有独特之处。服装的色彩、款型、质地，应该与着装者自身的特点和谐统一，呈现出一种整体的美感。如果能够做到这一点，就形成了自己的着装风格。冯妮在着装上很在行，知道要有自己的风格，即使她穿得再简单素雅，也能显现一种与众不同的魅力。她充分考虑了自己的体貌特征，把自己的文化素养、气质、个性、身份融入了对服装的选择、搭配当中，令衣着整体上散发出一种韵味——这就是个人风格。对于职场人士来说，服装的作用是让你看起来很精神、有独特的魅力，而非令你变得招摇。

要想穿出自己的风格，首先要把握一些基本的原则。成功人士在正式场合的着装风格应该是比较经典的：上乘的质地和精致的做工，剪裁简洁、大方、得体。通常情况下，经典服装能令你体形上的优点得以展示，而不足之处则得到弥补。经典服装往往略显保守，但并不会给人以古板的感觉；款式虽然并不是最新的，但绝对是现代的。只有这样，人们才会更多地去注意你的脸，而不是你的衣服；在交际过程中，这一点非常重要，因为这能让你们更好地运用眼神交流。相反，如果你穿得比较招摇，人们就会更多地关注你的衣服，而不是你。

服装带给人们的应该是整体的美感，是为你服务的，而不是喧宾夺主。要想做到这一点，必须遵循"扬长避短"原则。怎样才能做到这一点呢？首先，一定要客观地审视自己，从五官到发型、体型，看看自己有哪些优点和不足，然后对症下药，争取使优点得以放大，缺点得到弥补。

比方说，如果一位女士的腿修长挺拔，那么着装的时候就应该尽量显示这一特点，至于不漂亮的地方，则用衣服遮住；如果她的脖子比较短，就不要穿那种带有许多花边的衣服，那会令脖子显得更短；如果她的臀部较大，那么就不应该穿短款的上衣，否则臀部会更突出。

无论是女士还是男士，"扬长避短"的具体方法大同小异，只不过男士的处理方式更简单而已。

矮个子也能穿出风度

首先，矮个子不管穿什么，必须挺胸抬头，还要显得从容自然，这样就会变得优雅、镇定、信心十足。做到了这一点，再来选择着装类型就比较容易。切记：不管什么样的衣服，如果穿在一个毫无自信的人身上，都不可能会有魅力。

之后要考虑的就是衣服与身材之间的关系了。要尽量利用服装分散他人对你身体的注意，利用颜色、线条和合理的比例进行平衡，使自己的身材与常人缩小差距。

矮个子无论穿什么类型的服装，上装和下装的颜色都要避免形成强烈对比，否则容易将你的身体分为两部分，让人注意到你的身材。上装、下装的色彩要接近，明暗度相似的搭配比较适宜，上下色彩越趋于一致越能加强修长之感。具体穿着的时候，如果上装是浅色系，那么下装应该是浅色系或中性色，大衣也应该是中性色；如果上装是中性色，那么下装应该是中性色或者深色系；如果上装是深色系，那么下装只能是深色系。下装的颜色不能比上装浅，否则会使上半身显得过重、下半身显得分量不足，感觉更矮。值得注意的是，对女性来说，假如选择与裙子相似颜色的袜子，会产生腿部被拉长的视觉效果。

矮个子往往腿短，所以选择裤子的时候一定要特别注意。裤腰、臀部和裤腿分叉处的裁剪很重要，要看看做工是否细致，然后选择裤腿分叉比较高的，这样可以把双腿之间的空档加长，使双腿显得长一些。另外，裤子的长度要与腿长相当，不要太短，也不要盲目增加裤子的长度，否则裤腿会触地，显得腿更短，而且很邋遢；裤腿的宽度不要太大，以盖着鞋面为好，不要盖过鞋子的前端。翻边儿以及带花边的裤子是一定要摒弃的，它会让你显得更矮。

矮个子在选择服装的时候，款式要避免繁杂，男士尤其如此。简洁的样式是唯一选择，上衣的长度要适宜，必须合身，切忌太长、太宽，最好能够强调出腰部。至于衬衫，一定要领子下面没有镶边的，这样可以保证领子平贴在胸部，利用别人的错觉使你的脖子显得长一些，个子也相应地要高一些。另外还有一个窍门，在你的外衣袖子下面要故意露出1~4英寸的衬衫袖口，这也是要利用人们的错觉，使你身材变得高一点、匀称一点。

按照传统说法，矮个子的人忌穿横条纹的衣服，要穿直条花纹才好。不过，柔和的格子花呢是可以穿的，只要记住让你自己的身材显得匀称就可以了。

如果你太瘦或太胖

偏瘦的人穿衣服，要尽量让自己显得丰满些。法兰绒和粗呢之类的厚面料衣服，能使瘦人的身材显得粗壮一些。千万不要穿得太紧，腰部的轮廓尤其要隐藏起来，否则会显得更瘦；但也不能太宽松，否则看上去像个空荡荡的稻草人。无论你是什么样的身材，"合身"是最基本的着装原则。

选择上衣的时候，垫肩不应太明显。那些领口开得很大的衣服会使瘦人显得更瘦，所以千万不要穿；尤其是开口很大又没有领子的衣服，会使脖子显得更细更长。对于男性来说，宜选择竖立的衣领，款式可以稍微大一点，比较贴近脖子；对于女性来说，可以选择有花边或褶纹的衣领，以便把细小的脖子掩盖起来。女性还可以穿着有花边的高领连衣裙，突出长脖子的优点，显得高贵而华丽。

衣服的颜色一定要柔和、明亮，太深太暗的色彩会加强消瘦感，而且会使你显得生硬。比如你的长脖子吧，本来就已经很引人注目了，再把黑色紧闭衣领的衣服穿在身上，会让人觉得你很难接近，不利于同别人的相处。

另外，要避免垂直线条的衣服。对于女性来说，衣服布料的花样可以夸张些、大胆些、华丽些，那些横条、方格或大花图案都是很好的选择。胸前花样的设计，一定要用横方向或斜方向的样式，这样可以拉宽你的身材。

对于男性来说，无论你是过瘦还是过胖，都很适合穿西装，因为西装善于隐藏身材上的弱点。

对于身形比较胖的职业人士来说，在穿衣方面要追求平衡和匀称感，在颜色和造型上下功夫，努力让自己看起来不那么胖。

胖人要尽量避免穿太紧身的衣服，千万不要让人产生"衣服都快被撑开"的感觉。颜色应该选择那些显得比较素雅的，避免过于鲜艳，因为过于强烈的色调会让人显得更胖。冷色调最好，能让身体有紧凑的感觉，像黑色、深蓝色等暗色调都可以达到这样的效果。

如果衣服上有图案，要以浅色为主。要回避横条纹、大格或大花，最好选择有纵方向条纹、有整齐感的图案，比如说，黑白相间的竖条纹就是较好的选择。服装的款式应该宽松，但翻领和垫肩却不能太宽。领子最好大一些，低矮的 V 字形、U 字形领都不错，这样可以使短脖子的缺点得到一些弥补。不要穿圆形或者衣领紧闭的衣服；如果穿休闲衬衫，不要把衬衫收到裤子里面去；腰带不能过于夸张，否则会让你粗大的腰围更加突出。

脸型与服装

有人说，服装是我们的第二张脸。这张"脸"与我们真正的脸搭配起来还有一定的学问呢。

圆脸型适合穿 V 字领、U 形领及方领衣服，这样可以从视觉效果上做一下调整，使圆形收敛一些（见图 2-2）。大圆领是不合适的。

长脸型适合选择船形领、高领、六角领、一字领、方领等，这些造型能让整个脸显得短一些（见图 2-3）。

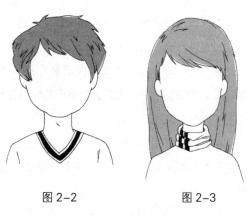

图 2-2 　　　　图 2-3

方形脸应该选择那些能让脸部显得柔和些的款式，比如细长的 V 字领、小圆领、西装领或高领等等（见图 2-4）。

三角脸型比较适合秀气的小圆领或缀上漂亮花边的小翻领，那样脸部会显得柔美一些；细长的尖领或大敞领也比较好（见图 2-5）。

图 2-4 　　　　图 2-5 　　　　图 2-6

如果是粗短的脖子，套头衫最好不穿，饰品最好也不要戴；最好穿领口较大的衣服，将脖子部分完全显露出来，方形领、大圆领都是不错的选择，U字形领效果更显著（见图2-6）。

第6节　"不要太整洁"与"不要穿新衣"

有这样一个故事，讲故事的人是个主考官，他担任过很多场面试工作。一次，应试的人实力都很强，分不出高下，等到各位主考官终于分别圈定了一个人的时候，结果竟然惊人地一致：那是一个服装穿得很得体、很整齐，可领带却稍稍歪了一点的人（见图2-7）。就是这个小小的细节使他在整洁之中带有了一点轻松随意，让主考官们对他产生了好感。

穿衣技巧非常重要。故事中的主人公也许深通此道，也可能是歪打正着地运用了穿衣上的技巧。在一定程度上可以说，怎么穿出更好的效果，比你穿什么衣服更为重要。

服饰礼仪最起码的标准是，不管你穿在身上的是哪种类型的服装，一定要保持整洁。无论多么高档的衣服，如果穿得随随便便，这儿脏一块那儿油一块的，也会令你的形象严重受损。整洁代表了较高的社会地位，因为要想保持整洁就必须花费较多的时间与金钱。从这一点上来说，着装的整洁性原则对于成功人士非常重要，是不容疏忽的。

不过，整洁也是有技巧的，如果不加以注意也会弄巧成拙，甚至产生相反的效果。假如一个人在整洁上过于用心，总是让自己的外表看起来无可挑剔：雪白的衬衫，领口干净而平整，就像从未穿过似的；领带结系得完全合乎标准；裤线笔直，锋利得似乎可以切开西瓜……身上所有的服饰都是簇新的，就像刚刚穿到身上一样，肯定会让人感觉不舒服。人们会觉得这个人很担心自己的地位，缺乏自信，因而过于在意他人的评价；而且，由于他过于关注身上的服装，给人以一种从来没有穿过好衣服的感觉，令人不得不怀疑他的经济

图2-7

状况和事业潜力。这种感觉足以毁坏一个人的形象。

在社交场合里最忌讳的就是：该整洁的时候，你很邋遢；该显得随意一些的时候，你又表现得过分整洁和拘谨。

穿得太整齐了，会让人感觉不太好接近，给人一种准备拒绝别人的感觉。想想看，你身边有没有这样的人：总是着装得体而整齐，每天如此，令人感到难以接近，可是突然有一天，你发现他将手帕揉成一团装到了口袋里，于是你一下子就觉得他变亲切了。这就是整洁的技巧——"不要太整洁"。

"不要太整洁"的原则对于男士来说尤为重要。从这条原则中还可引申出另一个原则，那就是"不要穿新衣"。一般情况下，初次与人见面的时候，比如面谈或相亲，很多人会选择新衣服，觉得这样比较正式，表明很重视对方。可这样一来，如果见面的时候很紧张，那么新衣服所起的作用就更糟糕，它会使人看上去更拘束、胆怯，甚至有些滑稽。所以，在与人初次见面的时候，应该特意选择平时的衣服，这样能让自己更放松；当然，这件衣服应该是你的衣服中最合体、最漂亮的。

如果非要穿新衣服见面，最好能够事前先穿一穿，破除新衣服的感觉，以免新衣服分散你的注意力、影响你的言行举止。有的人在穿深色西装的时候会避免白色衬衫，因为白色衬衫与深色西装搭配在一起会显得过于整洁和郑重。

衣着过新同于整洁一样，都会让人感觉穿衣者的生活有些局促。那些社会地位比较高的人往往对旧衣服情有独钟，甚至喜欢光着脚穿鞋，仿佛在向人们表明自己的安全感和轻松愉快。当然，作为成功的职业人士，专业形象还是要顾及的，只是可以运用这个技巧，令自己在穿衣服的时候显得大气些。

TIP

本章要点

★ 60%的人认为，要想知道一个人的社会地位，只要看他的着装就可以了。

★ 得体的着装不仅能够给人留下深刻的好印象，还能增强人的自信心，激发潜能，使人在前进的道路上不至于心力交瘁、困顿不堪。

★ 你的打扮不落后于时代潮流，至少可以证明你同这个社会的联系是比较紧密的，周围世界的变化你知道，并对此表示宽容。假如你的着装同时代相差太远，就会给人一种封闭、落伍的感觉。

★ 职场如同舞台，假如穿着打扮与身份和环境不相符，就像是演员没有找准自己的角色，很可能会贻笑大方。

★ 服装带给人们的应该是整体的美感，是为你服务的，而不是喧宾夺主。要想做到这一点，必须遵循"扬长避短"原则。

★ 如果一个人身上所有的服饰都是簇新的，就像刚刚穿到身上一样，肯定会让人感觉不舒服。人们会觉得这个人很担心自己的地位，缺乏自信，因而过于在意他人的评价；而且，由于他过于关注身上的服装，给人以一种从来没有穿过好衣服的感觉，令人不得不怀疑他的经济状况和事业潜力。这种感觉足以毁坏一个人的形象。

★ 衣服不能创造一个人，但能标志一个人。

3

第三章

打造一个万能衣橱

　　要想算清楚这件衣服到底花了你多少钱，你就应该把价签上的数字分摊到你穿这件衣服的次数上去，你会发现，越贵的衣服，往往越"便宜"；除此之外，你还应该根据这件衣服给你带来的自信、快乐以及给别人留下的印象，来综合判断这件衣服到底值不值。

第 1 节　色彩会说话

衣服的颜色能够帮你传达出某种信息。越深的颜色越让人觉得有力量，同样是套装，浅灰色和深蓝色给人的感觉就完全不一样，后者更能令你的形象充满威严。

冷色调、暖色调、耀眼的、暗淡的，穿在身上所形成的气质都不一样。服饰颜色的选择是一门学问，如何运用好色彩这个无声的语言，是每个成功人士必须解决的大问题。怎样的服装色彩才能令我们尽显魅力，从而具有与众不同的专业形象呢？

首先，最基本的一个原则是——与肤色平衡，也就是让服饰的色彩与肤色相协调。怎样才算与肤色协调呢？你可以问问身边的朋友，哪件衣服穿在你身上效果最好，那个颜色很可能就是最适合你的颜色。

最理想的肤色是白皙的、白里透红的，并且具有天然的光泽，显得健康而又有朝气。具有这样肤色的人穿什么颜色都合适。穿暖色调的服装会显出一种温和、大方的气质，穿冷色调又会显得文雅、严肃；穿浅色调的服装会充满青春气息，而深色调又会平添高贵。

肤色如果是白里透青的，那么偏灰、偏棕色、蓝色的服装就不大适合，因为冷色调肤色再加上冷色调的服装会给人一种病态的感觉。最好的选择是红色服装，各种红色单独使用或恰当搭配，会令人产生不同的感觉，或文雅，或热情，或华丽，都可以弥补肤色的不足。

棕色、深棕色皮肤最好选颜色素雅的服装，色调要明亮些，如浅黄色、浅粉色、乳白色、灰色等，因为这些颜色能和棕色皮肤相互补充，突出棕色皮肤的质感，有一种健美的效果。不要穿深色的衣服，特别是黑色、咖啡色、深红色和绿色，它们会使皮肤的颜色更暗。另外，那些花纹图案比较明朗的服装也是不错的选择，会使肤色显得很健康、很干净。

黄里带黑的皮肤，不适合鲜艳的蓝色和紫色，灰色系列也应杜绝，比如红灰、蓝灰、黄灰、烟灰，它们会使皮肤显得更黑。

作为中国人，最常见的还是黄皮肤。乳白色或浅黄色服装都比较适合我们，如果在浅黄中掺杂浅灰也不错。这些颜色不仅不会使肤色变得更黄，反而能让黄皮肤焕发出清新、典雅的感觉。至于那些对比度大的绿色、紫色、玫红色等等，就不大适合黄皮肤了，穿上之后会使肤色显得更黄。

肤色是着装色彩的根据，两种颜色必须搭配和谐，才能为你的形象增添光彩。

着装的基本规则，是不要有太多的颜色，否则看起来会很乱。要确定一个主色调，这样色彩表达的中心才能鲜明突出。如果想表现自己的权威，就选深色为主色调，像黑色、深蓝色、棕色、灰色等等；如果想让自己显得很正式，那就选择冷色为主色调；如果想给人一种成熟的感觉，那就以灰色为主色调，不论深浅；如果想让人觉得你比较好接近、富有亲和力，那就选择亮色；如果你想成为众人的焦点，那么红色是最合适不过的了。

主色调要与每一种服饰相搭配，讲究色彩的和谐统一。最好让你的领带、衬衫、首饰、围巾等等，都是同一色系，这样更容易搭配。在选择着装的时候，可以采用上下呼应的方式，上下选用同一颜色或者相似的颜色，这种搭配最和谐，最不容易出现问题。

对比的着装方式也可以考虑。即上下采用对比色，比如白与黑相搭配，红与黑相搭配，单色套装与花样衬衫相搭配，或者有花样的套装与单色衬衫相搭配。不过，这样的搭配要注意分寸，否则会产生相反的效果。

另外，点缀法也是服饰搭配的好方法，即用小块醒目的颜色来点缀主色调。比如，在深色的套装上加一条颜色鲜亮的领带或围巾，这会令你的形象在稳重的同时又不失魅力。

服饰色彩的选择要考虑场合。工作场合的套装、套裙，应当有利于塑造严肃的气氛，颜色应以素雅为主，比如海军蓝、灰色、黑色、白色，这些颜色可以给人以稳重、专业之感；而过于鲜艳的颜色如黄色、橘色、大红色、大绿色等等，应该尽量避免，这一类颜色更适合出现在休闲的私人场合。参加宴会和私人聚会的时候，衣着要符合轻松、快乐的气氛。在别人的婚礼上，女士不能选择白色或红色的衣裙，这是对新娘的尊重。参加葬礼的时候，黑色是最得体的，其他比较柔和的颜色也可以选择。

无论在哪一种场合，服装色彩的选择都要适合自己的年龄。一般情况下，年轻人可选择鲜亮、活泼些的颜色，中老年人则应该趋于庄重、严谨。如今，随着社会的发展，年轻人在工作中希望自己能显得既成熟又有亲和力，便通过服饰来达到这个目的，所以着装颜色偏于素雅；很多老年人想找到些青春的感觉，所以在服装色彩方面不再像以前那么保守，而是变得越来越鲜艳。这种现象是可喜的，不过，着装的年龄因素还是应当重视的，年轻人过于老成或老年人过于花哨，都是不太恰当的。

服装的色彩问题是比较复杂的，但只要掌握了以上原则，基本上不会犯错。这里还有一个更直接的方法，可以用来检验你的服装是不是恰当。有人提出这样一个建议：每个人都要给自己准备一个穿衣镜，每天出门前站在镜子前，认真地从上到下端详一下自己。假如第一眼就注意到了自己的上衣、鞋或发型，那么你在着装打扮上肯定是出了问题。最恰到好处的感觉应该是：在镜子中第一眼看到的是自己的脸。这是因为，不管是服装还是其他装扮，目的都是为了突出你的脸。

第 2 节　衣服怎么挑

在社会上谋生，你应该记住：无论如何，你都要让自己的衣着得体，但不一定要十分昂贵。现在市场上到处都有物美价廉的衣服卖，你可以保证自己随时都有得体的衣服穿。无法避免的寒酸不会使人反感，但是邋遢却会遭到人们的讨厌。不管多穷，你都可以使自己穿着得体。

现实生活中，你应该尽可能地拿出自己最好的仪表，平日里注意干净整洁，努力维持自己的尊严和真诚。记住，只有一颗懂得自尊的心灵，才能为你赢来别人的尊敬和钦佩。

在经济能力允许的情况下，一定要购买质量最好的衣服，虽然很贵，可它绝对不会让你后悔。越是质量好的衣服越体面，越不容易过时，穿的时间越长，所以在经济上也越划算。一套质地优良、剪裁得体的服装可以穿好几年，每年都可以穿好几个月，一套衣服起了好几套衣服的作用，这样的衣服才是真正值得购买的。要知道，将钱投资在少数几件高品质的衣服上，要强过买一大堆次级货色。如果你买了三件半价出售的衣服，可是每件只穿一次，那么这纯粹是浪费。不但浪费钱，而且难以在人前保持体面。

买衣服时，价签上的数字，并不一定能代表这件衣服的真正价格。要想算清楚这件衣服到底花了你多少钱，你就应该把价签上的数字分摊到你穿这件衣服的次数上去，你会发现，越贵的衣服，往往越"便宜"；除此之外，你还应该根据这件衣服给你带来的自信、快乐以及给别人留下的印象，来综合判断这件衣服到底值不值。

充分发挥了作用的衣服，即使价格很贵，仍然是划算的。

衣服在精不在多，只要有几件高质量的、剪裁合体的衣服就完全够用了。这样的衣服，穿起来会让你感觉更好，只有自我感觉很好的时候，才会表现得更自信，只有满怀自信才能树立成功者的形象。

既然衣服的质量如此重要，那么怎样才能挑选出高质量的衣服呢？简单说来，如果一件衣服的面料非常好，那么这件衣服的整体质量不会差。一般而言，面料的天然成分越高，服装越有档次，比如纯羊绒、羊毛、丝绸、棉和皮质。纯羊毛的衣服比聚酯或混纺的要好，看上去挺括，穿起来又舒适又结实；纯棉布或丝绸穿在身上要比丙烯酸材料舒服得多，化学纤维的衣物虽然便宜，但是很容易起皱、变形，还爱贴在身上，令衣服失去应有的美感。

从经济实用的角度来说，纯天然材料与尼龙等化学纤维的混合面料也不错，而且什么季节都可以穿。不管选择哪一种面料，最终目的都是令自己更体面，只要能达到这个目的，便可以自由选择了。

有的人衣服很多，却总觉得不够穿；有的人出于经济原因，不能买太多的衣服，对昂贵的套装更是望而却步……其实在选购衣服的时候，不必像好莱坞明星那样，非要买下设计师的一整套作品，只要你能够恰当地挑选适合自己的款式与颜色，懂得如何搭配，那么，即使是一件普通的套装，同样可以穿出良好的品位。

对于女士而言，在挑选衣服的时候最好选那些颜色朴素的，然后通过不断变换一些精致的饰物，来达到不同的着装效果。这样做既经济实惠，又可以让自己的形象专业而富于变化。不要买那些艳丽夺目的衣服，因为这样的衣服很容易被人记住，所以不适合每天都穿，反倒比较浪费。

第3节 服装的搭配要协调

不同的服装搭配会给人不同的整体感觉。对于经常出入正式场合的职业女性来说，以工作态度认真、温婉雅致、精明干练的专业形象为最佳。怎样搭配服饰才能达到这样的效果呢？

首先是套装的搭配。女性职业装的色彩一般都是文静、沉着的，款式不能过分花哨、夸张，所以在色彩上往往比较单调，式样也比较保守。如果能把几组套装很好地搭配起来，那样不仅解决了单调的问题，还比较经济。这是现代着装方式中的一种流行趋势。比如，要想让自己显得成熟、干练、个性洒脱，可以把西服和西裤搭配着穿；如果想给人一种贵族气质，就选择合体的套裙；西裤与衬衫的搭配有休闲的感觉；针织毛衫与长裙搭配着穿，给人一种简洁飘逸之感；斜肩设计的黑色羊绒衫配上面料考究的七分裙，能够令你尽显活力与成熟，不管是出席酒会还是上班都是很好的搭配方式。

另外，恰到好处的配饰、点缀也能为你的整体形象增添色彩。比如系条丝巾、套装内穿件亮丽的衬衣等等，都可以达到这样的效果。

衬衫对套装来说非常重要。衬衫款式以简单为宜，不可过于华美，与套装搭配的时候，可以选择白色、淡粉色，还可以是格子的、线条的，但是，图案不要令人眼花缭乱，过于夸张的风格不适合与职业装搭配。

鞋与套装的搭配也不容忽视。现在经常看到这样的现象，许多白领阶层的女士，去上班时穿的是运动鞋，一到办公室就换上一双正规的皮鞋。对于职业女性来说，不仅要考虑到场合的因素，还要考虑到与服装整体的搭配。同套装相搭配的时候，要选择那些比较正统的款式，先要看大小是否合适，其次是后跟，腿粗的女士，粗跟鞋穿起来会比较符合自己的形象；腿细的女士，则要选择细高跟鞋。如果你的腿形不大好，那就不要穿高跟鞋。至于鞋跟的高度，以合适为宜，不可一味地追求增高，太高的后跟会令你难以保持平衡，以至于身体弯曲，失去体态的美感。就算你比较矮，鞋跟也千万不要超过6厘米。

另外，职业女性不能穿那种脚趾明显、穿过几次后就向上翘的鞋，也尽量别穿装饰了玫瑰花或蝴蝶结的鞋。不管你的服装多么得体，如果鞋子太吸引人了，也会令你的整体形象受到影响。鞋只是整体的一个点缀，不要太花哨，而应该以简洁、大方为主，假如别人看你的时候立刻注意到了你的鞋子，那你的选择肯定有问题。不管这鞋是太过出色还是太过糟糕，最好是把这种能毁坏你自身形象的鞋子扔掉。

有的女性喜欢穿露脚趾头的鞋，其优点是很舒服，可是脚趾暴露在外面，不仅容易受伤，下起雨来又会被浸湿，既不舒服又不雅观，对于追求自身形象的职业女性来说，并不适合。现在比较受职业女性青睐的是不露脚趾、稍有点低帮的平跟鞋。

在社交场合，最常用的就是皮鞋，无论男女，皮鞋颜色应该以黑色为主，黑色最为正统，应用最广，几乎可以和所有颜色的服饰搭配。一般而言，女士在夏天适合穿淡色的鞋，冬天穿颜色较深的鞋；另外还可以根据套装的色彩选择相应的鞋，如果你选择了花色的时装鞋，那么衣裙的主色应该与鞋的某一种颜色相呼应，这样才显得和谐。

另外，袜子问题也不要忽视。很多人喜欢买各种颜色和款式的袜子，其实，袜子的选择与服装是一样的，必须考虑整体效果。最容易搭配衣服的两种袜子是黑色和肉色的，不管是和什么颜色的衣服搭配都很好看。

以上所讲的搭配主要是指女士，不过男士也可参考。女士的服装搭配比男士复杂得多，如果掌握了女士服装的搭配，就很容易掌握男士的搭配方法。对于男士来说，怎样做到既经济实惠又整洁、体面呢？

首先，在挑选外套的时候一定要选择同色系的，这样，你的西装、夹克、衬衫、领带、腰带以及鞋子等等，就能随意替换、组合。

男士外套最好是纯色的，而且最好颜色较深。这样就可以通过改换衬衫、领带、毛衣等等来改变整体的着装风格，不令人产生重复感；而且，这些配件之间也可以进行多种搭配，比如，蓝色衬衫和军服领带搭配，给人一种柔和的感觉，白色衬衫与正式领带相搭配，显得整洁而严谨，不管是在正式的宴会还是在办公室，这都是比较专业得体的穿着。

服装整体的搭配要协调。上下装的风格与布料的选择应保持一致，如果一薄一厚，一个是正式的职业装，一个是休闲服，这样的形象是难以表现出专业与品位的。衣服再漂亮，鞋子也要同整体相搭配才能显得得体。可以想象一下，精致的时装与布鞋或球鞋搭配在一起怎么谈得上专业形象呢？

第4节　怎样选购西装

西装作为所有正式场合的首选，在面料上的要求比较高，必须是100％毛料，或者至少是70％以上的毛料与丝的合成材料。这一点是绝对不能将就的。质量低劣的面料，比如化纤制品，不仅穿着不舒服，而且容易变形，干洗之后还会留下明显的印迹，感觉又旧又不利落。而纯毛面料就不一样了，制作出来的西装又轻又薄，穿起来很舒适，而且给人以轻便和谐的感觉。千万不要在面料上省钱，因为人们可以在一瞬间察觉到面料的不同。

接下来需要注意的是衬里。布料要柔软，保证穿上12小时不会有任何不舒服的感觉。然后要检查衬里是怎么嵌到衣表里的，最好是手工缝制。衬里的长度不能超过衣表的边儿，袖子的衬里也是如此，同时还要有设计合理的褶皱，以适应身体的伸展。

由于好的西装往往是纯毛料，所以不能用水洗，只能干洗。凡是比较好的西装，肩部结构都很精细，用水洗过之后会变形。西装不穿的时候，要用质量好的专用衣架撑起来，那些便宜的细衣架会让西装变形，千万不能用。当西装上出现褶皱的时候，一定要小心地用熨斗烫平。为了防止出现那种亮亮的"镜面"，先要在面料上面垫一条薄的手帕，然后再熨，可以起到保护作用。

图 3-1

在选购西装的时候，首先需要注意的是面料，如果面料符合要求，就要注意尺寸。什么尺寸的西装才算合体呢？

合体的西服上衣，衣身长度要稍稍高于臀线。袖口最理想的长度是刚刚碰到手背，手臂自然下垂的时候，袖口应该刚好碰到拇指第一关节，这是最佳长度(见图3-1)。

西裤的裤脚碰到脚背，后面达到皮鞋后帮的一半是最佳长度（见图3-2），过长或太短都会显得很不雅观。

图 3-2

立裆的最佳长度是裤带的鼻子恰好在胯骨的上端。

西装的领子是一个需要特别注意的地方。有些人的上衣衣领总是与衬衫领子拉开一些距离，还向后翘起来，让人感觉好像整个人被劈开了。无论你地位有多高、实力有多强，这种形象都会让你看上去很没气质（见图3-3）。可以说，西装的领子标志着一个人的身份，是绝不能忽视的。在购买西装时，一定要仔细查看领子。首先要看领子的样式，西装的翻领有窄有宽，会随着设计师的不同风格和时尚潮流不停地变化，如果你担心过时的问题，那么就买宽度适中的，肯定永远不会显得落伍。之后要看做工，认真检查衣领边缘与其他部位的接缝，看是否平整，有没有线头，以确保领子在肩上是服服帖帖的。最后还要防止后领处鼓大包，一些高档的西装店会为顾客提供更改后领的服务，这样就可以让上衣严丝合缝紧贴着脖子了。

图 3-3

许多人试完西服后会说："腰好像有点肥。"如果你问他："肩膀呢？合适吗？"他可能就会迷惑不解了："肩膀是否合适同衣服关系大吗？"

对西装来说，肩部是最重要的，只有这一部分合身了，穿起来才会觉得舒服。在西装的制作过程中，投入的人力、财力最多的部位就是肩部，而其他部分像腰、袖子、裤子，甚至外形都是可以修改的。可以说，如果一套西装的肩部非常合身，那么穿起来不会差。

西装的样式有很多，而肩部的样式只有两种。它是根据人肩部的形状来设计的，一种是自然下斜的，一种是直肩。后者就像军装，看起来很挺。两种样式不存在孰好孰坏的问题，而要根据个人体型的不同来进行选择，哪一种最适合自己哪一种就是最好的。亚洲人大部分是斜肩，假如你的肩斜度较大，那么你就应该选择直肩，这样会让你的肩膀看上去高一些、直一些，不过要适当，太直了会适得其反。

第5节　休闲时间穿什么

休闲也要有风度

尽管是休闲时间，职业人士也不能想穿什么就穿什么，也要讲求风度。就拿穿短裤来说，假如你的腿非常好看，不胖不瘦，没有过多的赘肉，倒也无可厚非，否则就会很不雅观。平时，我们还会看到有些人穿着睡衣在街上走来走去，尤其是在超市里，碰到的概率就更大。这些人大概觉得，休闲的时候只要不妨碍别人，不触犯法律，不有悖于社会公德，在着装上就可以随便些，舒适自然些，用不着像出席正式场合那样束缚自己，可以穿一些旧的或松松垮垮的衣服。

一些公司的高管曾针对休闲服问题发表过自己的看法。他们中的大部分人都说，着装方式休闲过度是让人很难接受的。比如：满是汗渍的裤子和衬衫，满是标语的T恤，还有塑料凉拖、超短裤、露脐装等等，实在有损职业人士的形象。

随着人们生活水平的不断提高，传统的着装观念与着装品位已经发生了很大变化。很多人都意识到，即使在休闲场合，着装也要注意得体适度。现在的休闲观念是：休闲也要讲究风度。

当然，在休闲场合，比如观光游览的时候，身着正装肯定是不适合的。西装革履、领带，女士们再穿上套装、套裙、高跟鞋，简直与休闲的气氛极不协调，不仅活动一点儿也不方便，还会使衣物损坏。

在采用不同的休闲方式时，一般可根据自己的特点、爱好进行合理的选择与搭配。要选择那些随意性较强的休闲装，颜色可鲜艳些，目的就是让自己无拘无束、活力四射。运动装、牛仔装、夹克衫、T恤等等，都是较好的选择，还可以戴上棒球帽和太阳镜，穿橡胶底的运动鞋、平底鞋来搭配。

对于男士来说，休闲服的种类有：棉质运动衫、毛衣、运动夹克、马球衫、T恤衫等。裤子以棉、毛、法兰绒的居多。对于女士来说，除去和男士一样的运动衫之外，棉质衬衫、针织衫、外套和披风等等也是非常好的选择，既清闲又优雅。在不需要运动的场合里，笔挺的西裤和棉质衬衫搭配在一起也不错，可以在休闲中展示职业女性的魅力。如果穿针织衫，最好选择纯色的羊绒或蚕丝面料的；如果穿V形领口的针织衫，而且外面不配外套，那么可以在颈部戴好丝巾。

　　在冬季，休闲外套最好要有衣领，这样显得比较暖和；如果没有衣领，就要配上一条合适的围巾或披肩。至于颜色，浅色的外套在冬天会有一种时尚感，像浅珊瑚红色、淡蓝色等等。春秋两季的外套一定要厚度适中，面料质地要好，黑色、白色、米色都是不错的选择。黑色外套永远都是较好的选择，但是有一点需要注意：要想让黑外套尽显高雅的气质，款式与做工一定要非常讲究才好。至于那些颜色非常鲜艳的外套，不管是在款式上还是材料上，要求都没那么严格，只要不是过分低劣，都可以接受。

　　还需要注意的是拉链。拉链是个非常了不起的发明，可是如果谈到美的话，拉链可就提不上了。因此，不管什么衣服，应该尽量少用拉链，即使有也不要让拉链露出来。没法藏起来的，一定要与衣服的颜色相同才行。记住，在满足你穿衣和脱衣方便的前提下，要尽可能少地使用拉链。

皮衣小知识

　　皮衣和西装一样，如果要穿，就应该保证质量。尤其要注意皮料，皮质好的，款式也差不了。这点非常重要。普通布料的夹克或运动服之类，即使价钱很便宜，也不太容易显出较低的档次；但西装或皮衣不然。在电视小品里，如果你稍加注意就会发现，不合身的低档西装已经成为一种幽默标签。

　　挑选皮衣的时候，总体感觉最重要，这是鉴定皮质优劣的关键。

　　首先，要注意皮衣的色泽。如果皮质非常优秀，那么一般都不会很亮，但色泽均匀，不容易掉颜色。优质皮衣不会给人以厚重的感觉，皮面上往往有一点天然伤残，这是因为皮衣上浆薄，而且比较均匀；而较差的皮衣上浆厚，肉眼几乎看不到有残损之处。

　　另外，优秀的皮质手感非常好，有弹性，像丝绸一般，柔软细腻，厚度比较均匀。如果皮质摸起来黏湿、厚重，那就不要选择。

　　从味道上来看，优秀的皮质会有一种淡淡的皮革清香，而那些质量较差的皮质味道会比较强烈、刺激。

　　悬垂性也是鉴别皮质优劣的一个方面：下垂时多呈现小的波褶的是优秀的皮质，反之，波褶很大就说明皮质不大好。羊皮悬垂感要好于牛皮、猪皮。

最后要考虑的是皮衣的缝制工艺、配件和售后服务，如果都令人比较满意，那就可以带回家了。

皮衣的保养和清洗也有一些需要注意的地方。不穿的时候，千万不要用塑料袋覆盖，应该用衣架撑起来，放到通风的地方。被雨淋湿之后，不要用加热的方法使皮衣变干，那样皮革会受损。应采用自然风干的方式。如果要熨烫，必须在熨斗和皮衣之间垫一层厚的布或纸，而且要用无蒸汽低温档。存放的时候，一定要远离发胶、香水、尖锐物品。

皮衣脏了之后，要选择专门店进行干洗。洗净后，不同的皮衣不要放在一起，以避免产生互相染色的现象。平时可用柔软的干净布或海绵进行擦拭，还要准备好防水和防污剂，清洗后一定要用上。

中式服装

如今的中式服装与以前不同，它不但保留了中国的传统特色，而且适当融入了流行元素，甚至已经成为一种新时尚。

单从面料上来说，如今的中式服装就给人一种耳目一新的感觉。纯毛、棉、麻等等各种质地的中式服装花样翻新，新型植物或者动物纤维混纺而成，或者加入莱卡弹性纤维的面料也不在少数。至于服装的色彩，既有纯色的，又有花色的……另外，中式服装从版型方面也做出了突破性的改变，从细节入手，使之更加时尚化、大众化。比如，光是立领盘扣的中式服装便可以有不同的式样，装肩袖、斜插兜都能令其形象更有新意。珠扣或是别的扣子可以随意替代传统的盘扣，就连中山装都变得很简洁了，不像传统样式中有那么多的口袋，除去中山装庄重的外形以外，很多地方都进行了改进。

中式服装既适合于非常正式的环境，也适合平常穿着。这种服装带给别人的是一种舒适、亲切的感觉，能增加职业人士的亲和力。像其他任何一种服装一样，中式服装的穿着也要注意色彩、面料与剪裁的总体感觉，只有掌握好了才能让这种传统而又现代的服装为自己的形象增色。

牛仔裤

有一些讨论形象的图书，把牛仔裤排除在职业形象之外，这是不太恰当的。要知道，职业形象的塑造，从小的方面说，离不开职场环境，从大的方面说，离不开中国当前的大环境。我们不应要求所有的白领，整天都是西服领带，每顿都去吃高档餐厅，而且随时带着一把很有档次的雨伞。这违背了着装的基本原则：要与工作环境相协调，要与身份相协调。

在当前的中国职场中，牛仔裤是很常见的。即使在北京、上海的核心商务区，在很多情况下，仍然很适用。

牛仔裤是最方便、实用的服装之一。据统计，美国人均拥有 7 条牛仔裤。牛仔裤很随意，款式、颜色很多，各种档次的都有，消费者有很大的选择空间。而且它的兼容性很强，甚至可以与西装搭配，当然了，必须是休闲类西装。

牛仔裤的穿着，还是有很多讲究的，并不能随心所欲。

首先，穿牛仔裤的时候，必须要穿休闲鞋。最恰当的，是运动鞋，常见的运动品牌都是很可靠的搭配，既有一定的档次，又不会过于昂贵。要知道，过于昂贵也是不合适的，会破坏休闲、随意的感觉。

高帮鞋也很适合与牛仔裤搭配。高帮鞋包括登山鞋以及轻便的运动鞋，前者比较厚重，带有野性的气息，后者往往款式时尚，更显年轻态。你可以根据自己需要塑造的形象来选择。需要注意的是，在职场环境中，这两种鞋都不太合适，前者不符合办公环境，后者显得不够成熟。

其次，穿牛仔裤的时候，如果天气比较热，T恤衫是最正统的搭配，尤其是白色 T 恤。这种组合会更显年轻，充满朝气。有不少人喜欢牛仔裤与衬衣搭配，这是不太合适的，至少不是最佳选择；如果是特别板正的西装衬衫，就更要不得。不过，牛仔衬衣是可以的，而且是与牛仔裤相同的色系。

最后，牛仔裤可以配西装，但必须是休闲西装。根据当前的社会潮流，一般不应系领带，即使是那种细条式的休闲领带也不行，因为这种打扮会让人觉得过于刻意。

TIP
本章要点

★衣服的颜色能够帮你传达出某种信息。越深的颜色越让人觉得有力量，同样是套装，浅灰色和深蓝色给人的感觉就完全不一样，后者更能令你的形象充满威严。

★挑选服装颜色，最基本的一个原则是——与肤色平衡，也就是让服饰的色彩与肤色相协调。怎样才算与肤色协调呢？你可以问问身边的朋友，哪件衣服穿在你身上效果最好，那个颜色很可能就是最适合你的颜色。

★着装的基本规则是不要有太多的颜色，否则看起来会很乱。要确定一个主色调，这样色彩表达的中心才能鲜明突出。另外，点缀法也是服饰搭配方面的好方法，即用小块醒目的颜色来点缀主色调。

★最恰到好处的感觉应该是：在镜子中第一眼看到的是自己的脸。这是因为，不管是服装还是其他装扮，目的都是为了突出你的脸。

★买衣服时，价签上的数字，并不一定能代表这件衣服的真正价格。要想算清楚这件衣服到底花了你多少钱，你就应该把价签上的数字分摊到你穿这件衣服的次数上去，你会发现，越贵的衣服，往往越"便宜"；除此之外，你还应该根据这件衣服给你带来的自信、快乐以及给别人留下的印象，来综合判断这件衣服到底值不值。

★怎样才能挑选出高质量的衣服呢？简单说来，如果一件衣服的面料非常好，那么这件衣服的整体质量不会差。

★皮衣和西装一样，如果要穿，就应该保证质量。尤其要注意皮料，皮质好的，款式也差不了。这点非常重要。普通布料的夹克或运动服之类，即使价钱很便宜，也不太容易显出较低的档次；但西装或皮衣不然。在电视小品里，如果你稍加注意就会发现，不合身的低档西装已经成为一种幽默标签。

第四章

4

穿正装有什么讲究

　　中国人的肤色是黄色的，为了使脸色显得白净、健康，首先应该选择的是深蓝色西装，其次是深灰色和黑灰色的；衬衣只要一件白色的就可以，而领带以红色为最佳。无论西装、衬衫还是领带，都不要是绿色或浅驼色，这类颜色只能使你的脸显得更黄。

第1节　西装的几种类型

如今，西装已经成了世界公认的男子的正规服装，是职业装的首选。它几乎可以在所有正式的场合穿，而且四季皆宜，所以深受人们的喜爱。

从社交活动的参与频率来看，男士出席正式场合的机会比女士要多得多。同女士相比，男士在衣着方面的讲究可以说是非常简单，无论是在非常隆重的庆典上，还是在会见、访问、谈判、宴会、婚丧等活动中，或者在工作场合，都可以穿西装。即使在非正式的场合，像旅游参观之类的，也可以穿休闲西装。

依据不同的分类标准，西装有不同的类别。从风格上来说，现在国际上最为流行的主要就是欧式、美式、英式这三种，对于中国人来说，日式也很流行。美式风格的西装与美国人的开放性格和幅度较大的动作相一致，比较宽松、不贴身，腰部是筒形的，后面有开气儿。又瘦又高的人穿起来效果会很好，显得高大魁梧。英式风格的西装给人一种绅士的感觉，没有垫肩或是垫肩比较小，稍有一点收腰，大多是单排扣的。最适合中国人体型的应该算是欧式风格的西装，它的剪裁很讲究，做工细致，大方得体，比较强调垫肩，给人一种方方正正的感觉，后腰非常合体。日式比较紧身，对体形消瘦的男性来说比较合适，不过，如果穿着不当，会显得拘谨、小气。

从件数上来说，西装分为单件上装和套装，套装分为两件套和三件套，而不管是哪一种又都分为单排扣和双排扣。现在，国际上比较流行单排扣西装，双排扣和它相比显得正规一些、拘谨一些，而且更为传统，扣子永远不许敞开，穿时一定要保持双排扣西装的庄重风格才行。单排两粒扣的西装属于传统样式，扣法历来都比较讲究：只把上面的一粒扣系上，下面的扣不系，是庄重；两粒全不扣的是洒脱、帅气。在国际礼仪中，两粒都系上会显得土气，而只把下面的一粒扣上就是不正经、流里流气了。在出席比较正式的场合时，一般是必须系好上面的扣子，而坐下以后就要解开。

这几年三粒扣的西装比较流行，单排三粒扣子的西装只系中间一粒即可，全都扣或全都不扣也可行，最不得体的做法就是只扣最下面一粒，只扣下面两粒也稍有不妥。对于三件套西装的扣子，你要特别注意：马甲的扣子从上到下，所有的都要扣住，这绝对是最正式的穿法。而外套则不能扣扣子。在正式场合里，男士如果穿的是三件套西装，外衣最好不脱下来。对于大部分普通人而言，一般情况下，应避免穿三件套西装，因为这种套装讲究过多，不容易把握。

第2节 衬衫与西装如何搭配

衬衫是穿西服正装时必不可少的，如果搭配好了，可以使整体形象增色不少。

首先需要注意的就是衬衫的颜色。白颜色是最普及的，也最容易同西装搭配，不管在什么场合，白衬衣配西服总是非常得体的。除了白色以外，纯色的、浅色的最好，而且越清爽越好，这样搭配起来更容易。条纹或方格的西装、深色西装都是可以配浅色衬衣的，这样的搭配给人一种聪明、利索的感觉。

男士衬衫的颜色可谓五花八门，有粉红色、粉蓝色、蓝色色、粉黄色、粉紫色的，还有大大小小的各色条纹和图案的，这样的衬衫不像浅色衬衫那么容易搭配，所以一定要慎重选择。在很长的一段时间里，深颜色衬衫非常流行，比如藏青色、黑色、深绿色、棕色等，有人还配以同色的领带，看起来很酷，很时尚。但是要注意，在正式场合，尽量选择传统的衬衫和领带，丝衬衣、花衬衣，大图案、大条纹的衬衣是绝对不能穿的，如果穿的话，只能配单色的休闲西服。

衬衫最讲究、最显要的部位是衣领。首先要注意领口的大小。传统的三角式领口是最流行的，它在全世界已经流行了一百多年；另外还有欧洲式的领口，与三角式领口大同小异，基本上也是一个标准的三角形。不管哪种领口，重要的是要合体，假如太松，会使整体形象显得松松垮垮；假如太小，就会很紧，脖子会不舒服；如果穿衣者比较胖，就会显得更加臃肿，整体形象会大大受损。量领子的时候，要以喉结的下面为起点，往外放 2.5~3 厘米的宽度，以扣上领扣之后，自己的食指刚好能随意插入为最佳。除了要注意领口的大小之外，领口还必须坚挺直立，并且舒展，不能有褶皱，最好比外套的领子高出 1.5 厘米左右，还要紧贴其上。

其次要注意的是衬衫领子的形状。硬领尖角式是比较常见的领形，最为流行的是小方领，窄领子属于考究型的，领尖靠得比较近。这两年立领的衬衫又风行一时，但是由于不能打领带，对于正式的场合来说显得不够庄重，以不穿为宜。

在穿西装时，必须穿长袖衬衫。袖子的标准长度是：当穿上西装上衣时，衬衫比西装袖长出2厘米左右，正好到手腕。穿西装时衬衫的袖口要系扣，较为标准的商业着装是系两个扣子。

衬衫大小要合适。打领带时，衬衫要贴身，但也不能太小，否则会束缚身体，甚至不小心撑开胸部的纽扣，这是一定要避免的；如果不打领带，衬衫可以选择宽松点儿的，但也不能太大，否则会显得很不利落。衬衫下摆要塞进裤腰内，不要散在外面。

无论什么情况下，衬衫里面绝对不能穿高领内衣，只要能露出来的内衣都不行。在当前的中国，还有不少白领甚至大企业的领导，会在衬衫里面露出内衣来（见图4-1）。这种穿法很失身份。

衬衫配领带时，应把所有的扣子系上，包括袖口。同西装搭配的时候，如果不系领带，最上面的一粒扣子可以松开，但袖口的扣子不可以。只有在非正式场合，衬衫可以单穿，又不须打领带的时候，才可以把袖子卷起来，把领子松开。

图4-1

衬衫的面料也是不容忽视的。如果你的衣服全都送去干洗，那么纯棉衬衫就最好；假如你喜欢穿水洗后的衣服，那么棉加尼龙的混合面料是你理想的选择，因为这样的面料不怕高温，方便熨烫。但要注意，含棉量一定要比尼龙多，至少要保证55%的棉才行，这样可以防止领子变形。最好选用棉细平布，不仅穿起来舒服，而且质地细腻，不管搭配什么类型的西装都很和谐，而且能将西装和领带的长处衬托出来，令你看起来气度不凡。

同细平布相比，牛津衬衫布是一种具有休闲风格的面料，质地松软，双纹，纤维比较粗。有些休闲西装或运动上衣就是采用的厚牛津布面料。

还有一种端头对端头的布料，与牛津衬衫布比较像，其最大特点是在布料里交织进了彩色和白色的线。这种设计能够让任何一种色彩趋于柔和，假如有颜色的衬衫使用这种布料，感觉会非常好。

薄织麻布的特点是轻薄、精美，适合与西装配套穿。不过，它的不足是太轻了，经不起干洗，不太耐穿。

最后是提花织布和灯芯布，这两种布料的衬衫只适合于非正式场合。

第 3 节　领带是西服正装的灵魂

对于成功的男士来说，领带是正式场合最重要的装饰之一，是服饰的灵魂。当你穿上一件得体的西装时，一条恰到好处的领带会起到画龙点睛的作用，让你显得风神俊朗、出类拔萃；相反，如果只是穿着很好的西装和衬衫，没有打领带或者领带搭配得不好，那么你的形象肯定会大打折扣。

那么，怎样才能使领带的佩戴达到最好效果呢?

第一，要考虑领带的面料和花色。

领带的面料有毛织、丝质、化纤等等好多种，对于职场人士来说，全真丝领带是最理想的选择。任何一种人造面料的或是毛料、布料、棉、麻、皮质的领带都是不得体的。

确定了面料之后，要挑选领带的花色。现在的领带花色千差万别，什么样的都有，所以在挑选的时候必须坚持几个基本原则，千万别挑花了眼。

首先，一定要购买那些图案比较含蓄、简单的，最好是小图案的。那些在社会上很有名望的成功人士，领带上基本不会带有任何有显著意味的文字，即使是很简单的象征意味都不可以。一般情况下，条纹、斑点或小圆点是他们的最佳选择，图画和文字很难出现在他们的领带上。深色底衬白圆点往往是他们的最爱，尽管保守，却能尽显其身份的高贵。

至于带条纹的领带，最好选择深色背景、条纹清晰明快的那些，比如棱纹平布领带，它们能够帮你塑造出成功的专业形象来，不管是出席什么场合都非常适宜。

一定要记住，印有明星、美女、动物图案的，图案又大又俗气的，颜色怪异的（如紫色、土黄色、粉红色、绿色等等），带文字的，这些类型的领带绝对不适合专业而有品位的成功者。凡是倾向于表达明显和确切意义的领带，都会显得比较俗气。

有的领带上面印有飞翔的小雉鸡、小游艇、信号旗等等，似乎在专门表明自己具有某种身份，仿佛在告诉别人自己的业余时间就是去打打猎、坐坐游艇；还有的领带更为夸张，上面印有"爱拼才能赢""龙""勇往直前"之类文字，再配上图案，弄得龙飞凤舞、张牙舞爪——这两种领带会明确无误地告诉别人，领带的主人是个不值得交往的人。

第二，领带的花色要与服装、衬衫相协调。

相比较而言，纯色的领带可以同多种色彩、款式的西装和衬衫相搭配，是最能派得上用场的。色彩要保守些，以深色为宜，不要选太鲜艳、俗套的。红色、蓝色、灰色、棕色为首选，尤其是红色和蓝色，至少一样要有一条才好。

要注意的是，纯色领带不要与服装的颜色相同，否则会显得很死板。比如，穿白色的衬衫，肯定不能打白色领带；不过，为了避免反差太大，可以选择带一点儿白色图案的领带，与衬衫的白相呼应，这样可以显得更和谐。其他颜色的衬衫也可以这样搭配，效果同样很好。

男士着装的整体色彩不能超过三色，所以，搭配领带要遵循两个单色加一个多花图案的原则：如果衬衫和西装是单色，领带就可以花一些；如果西装的颜色很醒目或者有图案，那么领带就不能是花的；另外，花领带与花衬衫的搭配也应该尽量避免。

第三，领带一定要打在有硬领座的衬衫上。

高领衫或其他领的衬衫都不适合系领带，领口过大的衬衫也不适合打领带，否则会影响领带的效果。在非正式的场合，即使穿西装也可以不系领带，不过，衬衫最上面的扣子一定要解开；在不穿西装的时候，不管是长袖衬衫还是短袖衬衫都可以打领带，但是衬衫的下摆必须塞进裤子里，并要整理舒展。

领带打好后，要检查一下，看看衣领后是否有领带边缘露出。如果露出，可能是领带太宽，需要换条稍微窄些的领带。

第四，要注意领带的大小，采用合适的打法。

一定要购买国际标准尺寸的领带，长度、宽度要适中，一般是130~150厘米，不过，哪个长度最合适，取决于每个人的身高和脖围。所以，必须戴上试一试才行。

打领带的时候可以用温莎型、半手型，也可以用四指型。不管哪一种打法，领带结同衬衫衣领的大小一定要成正比，领口越宽，领带的结就应该越宽。打好领带之后要调整长短，上面宽的一片要比下面窄的一片长，并以领带尖正处于腰带的中间、接触到腰带的带扣为宜，这是最标准的长度。如果太长，会显得不够干练；太短了，又会显得不够大气。

领带的宽度也要注意，同西装翻领的宽度相协调，太宽了会不精神，太细了又会显得小气。目前流行的领带，最宽处是8~9厘米，或者5~7厘米。

领带打得好看不好看，关键在于领结。领结一定要端正、挺拔，呈倒三角形。在收紧领结之后，要在领结下面压出一道沟来，这样看起来更自然、随意，否则会显得僵硬。

领带打好后，要把小剑带穿过大剑带后面的布扣，防止两者分离。要注意的是，现在已经很少有人使用领带夹了，再漂亮的领带夹，也会使你看上去脱离时代。

第4节 "永远不要相信穿破鞋子的人"

据说，酒店里面的服务员在长期的工作中磨炼出了一双"慧眼"——他们仅靠观察客人的鞋子就能判断出客人的身份。鞋子似乎不太显眼，有些人便疏忽于此，但是，一个人的真实状况倒往往由此可以窥见。

在世界各地的高档会所里流传着一个说法：要看一个人是不是富裕，评判的标准，不是看他开什么车，而是看他穿什么鞋。一辆好车可以用上很多年，而一双昂贵的鞋，则会在一两年甚至更短的时间内消耗掉，所以，习惯于穿昂贵皮鞋的人，往往比开名车的人更有钱。这种说法，虽然偏颇，但也一定程度上深刻体现了鞋的"标志性"作用。

的确，鞋是别人观察你的时候注意到的第一件事，也是最后一件事。如果一个衣着整齐得体的人穿着一双脏鞋子，那么他的整体形象会大受影响。有人曾经做了一个与形象有关的调查，结果显示：有80%的人认为，如果一个人穿的鞋子保养良好，会给人留下比较好的印象，因为鞋的状况能够反映出一个人对细节的关注程度；相反，如果鞋子又脏又破，往往意味着此人对生活缺乏热情，对细节更是不放在心上。

一位女作家曾经说过："假如一个男人对自己的鞋很在意的话，那么，他也会非常在乎你。"不管这话是不是有点极端，但至少有一点说得不错，那就是：一个非常在意鞋子的男人，应该是很注意细节的，这样的人往往更值得信赖，在生活上比较细心，在事业上更有发展潜力。

老北京有句俗话："是爷不是爷，看穿啥样鞋。"作家贾平凹则说，"女人美在发上，男人美在脚上"，他自己在穿着方面，最重视的是鞋子，其次是裤子，最不重要的是衣服。鞋子，不仅代表着经济地位，还反映了一个人对生活的态度。

华尔街有一条俗语："永远不要相信一个穿破皮鞋或不擦皮鞋的人。"它告诉我们，鞋的质量与保养状况能够反映一个人的品行，与那些穿破皮鞋的人打交道是要担风险的。由此可见，我们穿鞋并不仅仅是为了舒服，也是为了能够站在成功者之列。

闪亮的皮鞋会带给人以专业的感觉。千万不要穿又脏又破的皮鞋，那样别人会对你的卫生习惯和生活态度产生怀疑，从而联想到你对工作和事业的态度。鞋的质量与保养非常重要。除了要选择好的皮鞋之外，每天都要记着擦皮鞋，使之无味、无尘、无泥，保持鞋面发亮、不皱。

穿西装一定要配皮鞋才行。磨砂、翻毛等皮鞋都属休闲类，与西装不配套；用人造皮革、塑料做成的鞋子，没有透气性能，时间长了会发出臭味；凉鞋、布鞋、旅游鞋等在正式场合是非常不得体的。可以说，"西装革履"才是最理想的职业装。

在工作场合和比较正式的活动中，要想给人留下成熟而稳重的印象，往往需要穿皮鞋。对男士而言，宜穿黑色或深棕色皮鞋。尤其黑色，是代表专业的颜色，什么场合都穿得出去，而且最容易与腰带、衣服搭配，基本上什么颜色的西装都很适宜——它可以与灰色、蓝色和黑色搭配在一起，甚至与深棕色或棕褐色搭配，也能产生非常不错的效果。其他颜色的皮鞋要与西服的颜色相同或接近才能相配，比如，买咖啡色的鞋子，基本可以穿的就是咖啡色西装。我们可以想象一下，一套黑色西装搭配一双浅色皮鞋，肯定会将人们的目光吸引到你的脚上，令你的整体形象受到影响。要记住：浅色皮鞋只能搭配休闲装，在娱乐的时候穿。

鞋子很重要，袜子也不容忽视。袜子的颜色必须与皮鞋相同或接近，最简单的选择就是穿黑色袜子，保证不会有问题。无论你的鞋子是黑色还是咖啡色，甚至蓝色，都可以穿黑色袜子。有两种袜子是绝对不能穿的，一是尼龙丝袜，一是白色袜子。白色袜子配黑皮鞋是最不合适的。专业人士很少穿浅色袜子配西装，更不用说是白色的了。另外，必须买长的袜子，男袜的长度必须达到腿肚子，这样，无论是坐着跷起二郎腿，还是把腿放下来，从裤子到袜子到鞋，连起来都看不到腿。"绅士不露腿毛"是基本的着装原则，否则就是不得体的。这个规矩在冬天和夏天都同样需要遵守。

袜子的穿着是细节问题，比鞋子更能反映一个人对礼仪的熟稔程度。为了塑造一个老练、体面的形象，你不仅要扔掉破皮鞋，还要扔掉那些不合时宜的袜子。

第 5 节 鞋子的选购和保养

我们普通人一生中有 2 / 3 的时间都是穿着鞋子度过的，据说，每双鞋子在穿坏之前都要承受累计 50 万磅的压力。所以，在买鞋子的时候，一定要多方斟酌考虑才行。

鞋子首先要合脚，这比鞋子的款式更重要。一双不合脚的鞋子，会让你无法放松，更无法专心于工作或交流，很快就会把你搞垮，让你精疲力尽。而且，衣服不合适可以拆开来重新剪裁，但是鞋子就不行。

怎么才算合脚呢？合脚的标准是，当你穿着鞋子站立的时候，脚趾尖与鞋尖之间要有一定的空间，足弓处不会绷得很紧，鞋跟儿必须紧贴双脚，不能上下滑动，否则鞋子肯定不合适。另外，如果足背两侧的空间太多了也不行，这样的鞋子就有点肥了。还要注意的一点是，即使试穿的时候感觉很合适，也不要立刻就买，应该等一会儿再试一下，反复几次，如果每次都感觉不错，那才是真正合脚。假如你的年龄已经超过 35 岁，或者双脚有些发胖，那么最好是在比较轻松的时候，或者在上午去选购鞋子，这样才能找到真正适合自己的。

现在的鞋子款式很多，在选择的时候要记住：鞋子不要过于"有个性"，那些过于怪异的造型或者太亮的鞋子都是不合适的，否则，你一出现在他人面前，人们就会注意你的鞋，而忽略了你的脸。这样的形象实在是太失败了，肯定会影响到你与他人的交流，进而影响你做事的成功率。因此，选择鞋子的最佳标准就是：穿上之后，不过分吸引别人的目光。

通常情况下，我们需要有两双系带子的皮鞋和船形鞋，尽管样式有些保守，但是这两种都是最正规的。在比较正式的场合，系带皮鞋更符合礼仪，也更容易给人以好感。人们一般都比较信赖穿系带皮鞋的人，理由很简单——假如此人在穿戴方面愿意花比较多的时间，做起工作来肯定会比穿其他鞋子的人勤奋些。

假如经济条件允许，那种适合于正式场合的鞋子最好准备两双来回替换，这样，既能让鞋子得到休息，穿的时间更久一些，又能让自己的整体形象有一些变化。

为了延长鞋子的使用寿命，要注意鞋子的保养。当买回来一双新鞋的时候，先要给鞋子打上鞋油、擦亮，然后再穿。鞋油最好选择糊状和乳状的，它们不仅能给鞋子补充营养，光泽还非常柔和持久。记住，擦过五次鞋油之后，一定要用香皂给鞋子去污，擦去旧鞋油，保持皮子的柔软，防止裂缝。如果不想穿了，准备收起来时，要把鞋楦放进去，这样有利于鞋子形状的保持。

第6节　穿正装的注意事项

在选择西装颜色时必须注意与自己肤色的搭配。有人曾经问一位专家，一个经济条件不大好，只能买一套西装、一件衬衫和一条领带的人，在颜色的选择上应该注意什么。这位专家建议说，中国人的肤色是黄色的，为了使脸色显得白净、健康，首先应该选择的是深蓝色西装，其次是深灰色和黑灰色的；衬衣只要一件白色的就可以，而领带以红色为最佳。无论西装、衬衫还是领带，都不要是绿色或浅驼色，这类颜色只能使你的脸显得更黄。

西装的颜色不但要与脸色搭配，还要考虑国际通行的礼仪。比如，在国际性的着装标准中，棕色西服代表的是低品位，而黑色西服只能在婚礼、葬礼上穿，或者做成燕尾服。在当前的中国，如果你与外国人打交道的机会很多，就一定要注意这一点。

在西装颜色的选择上要遵守三色原则，即正式场合穿的西服套装，不能追求华丽、鲜艳，色彩变化不能过多，要以深色为准，并且全身的色彩要限制在三种以内。否则会令人产生轻浮感，有失庄重，有损形象。一般情况下，深蓝色、灰色、深灰色等中性色彩的西服是成功男士的首选，这些颜色都被人认为是郑重、权威的色彩，会令人产生信赖感，深蓝色与绛红色的结合，是权威的象征。

　　另外，在选择西装的时候，还要关注纹理及图案。深蓝色加暗条纹的男士西服现代感极强，不管是在什么场合，都能带给人一种强有力的感觉，令穿着者显出与众不同的风度。灰色西装在这方面可以与之媲美，不同面料，不同深浅的灰色，会带给人不同的感觉，清新的、含蓄的、内敛的，总能令你显得那么出类拔萃。带大花格或有图案的套装最好不穿，不管是哪一种大格、花呢的图案，都不会给人留下好印象。因为，在极为正式的商务谈判中，你身上的图案过于花哨，会让对方觉得你不大可靠。所以，男士们最好选择带一些暗淡条纹的西装。

　　尽管内衣是穿在西装里面的，可丝毫不能疏忽。首先，穿西装的时候无论如何也不能穿高领内衣，否则就会贻笑大方。标准的内衣应该是低领的，但即使穿着这种低领内衣，也有需要注意的地方。假如你穿西装的时候打领带，那么内衣就会藏在里面，看不到，这种情况是没问题的；假如你没打领带，那么就得把衬衣的第一个扣子解开，这个时候可千万别露出内衣，否则就是不得体的。这一点非常重要。

　　在西方国家，人们在西装里通常只穿衬衫，既不在衬衫里面穿内衣，也不在衬衫外面套毛衣。如果天冷，他们只在西装外面加一件大衣。如果严格遵照这种传统，穿西装时是绝对不能穿毛衣的，而在中国，西服里面穿毛衫的情况是非常普遍的。所以，如果你不是参加国际会议，或者出席非常正式的场合，也不妨在西装与衬衫之间加一件毛衫，不过，一定要搭配恰当。

　　同西装搭配的毛衫一定要做工精良，最好是纯羊毛、羊绒或者驼毛之类的贴身毛衣，而且要质地细腻，摸起来很平坦，不要有大的凹凸。还要注意颜色的搭配。假如你的衬衫和领带的颜色比较多，毛衫就应该选择单色；如果领带和衬衫都是单色的，那么毛衫就可以带一点图案。总之，单色与图案必须交叉搭配，否则就太花了。

　　在气温比较低的季节，还需要在西装外面套一件大衣。在购买大衣的时候，最好穿着西装外套试穿。试穿时，用一只手抓住大衣的领子向上提，另外一只手把西装的下摆拽住往下拉，这样才能把两件衣服穿好，试出大衣是否合适。在与西装搭配的时候，最正规的穿法是把大衣的扣子都扣上。有的大衣是有腰带的，系的方法有两种，你可以随便挽个结，也可以规规矩矩地在扣襻里穿好，将剩下的部分折过来塞好。

穿西装的时候还要注意一些细节：不管哪种套装，上装与裤子的面料都要统一，否则会显得不正规，或者显得寒酸；西装外面的口袋只是为了起装饰作用，不要放东西，以保持舒展的状态，鼓鼓的口袋会显得你很没有品位；西装里面的口袋、西裤的口袋也尽量不放东西，不然会造成变形，破坏西装的整体美。

很多年前，西装刚刚在中国流行起来的时候，有人喜欢在胸前的口袋里插一支钢笔，这是完全不适合西装的。现在也没有人这样做了。

如果遵照西方人的习惯，西服正装外面的口袋应该放手帕，而且手帕的折叠很有讲究；不过在当前的中国，如果你不是出席非常特殊的场合，最好不要这么做，否则会让人觉得你过于刻意。

TIP

本章要点

　　★衬衫除了白色以外，纯色的、浅色的最好，而且越清爽越好，这样搭配起来更容易。条纹或方格的西装、深色西装都是可以配浅色衬衣的，这样的搭配给人一种聪明、利索的感觉。

　　★衬衫最讲究、最显要的部位是衣领。

　　★无论什么情况下，衬衫里面绝对不能穿高领内衣，只要能露出来的内衣都不行。

　　★华尔街有一条俗语："永远不要相信一个穿破皮鞋或不擦皮鞋的人。"它告诉我们，鞋的质量与保养状况能够反映一个人的品行，与那些穿破皮鞋的人打交道是要担风险的。由此可见，我们穿鞋并不仅仅是为了舒服，也是为了能够站在成功者之列。

　　★袜子的颜色必须与皮鞋相同或接近，最简单的选择就是穿黑色袜子，保证不会有问题。

　　★中国人的肤色是黄色的，为了使脸色显得白净、健康，首先应该选择的是深蓝色西装，其次是深灰色和黑灰色的；衬衣只要一件白色的就可以。无论西装、衬衫还是领带，都不要是绿色或浅驼色，这类颜色只能使你的脸显得更黄。

5

第五章

尽显干练与魅力
——女性如何穿出高级感

职场女性的着装强调"品位",以不影响工作为宜,谨慎地展现女性气质。你一定要清楚自己的身材,了解自己的优点和缺点,这样选择服饰的时候才不至于盲目。

第1节　职场女性的着装原则

女士服饰历来都是引人注目的，职业女性的着装更是争论的焦点。很多职业女性不是很清楚应该怎么着装，其实，只要看看那些成功的女性的着装，就会得到答案。

如今的成功女性，已经慢慢摆脱了"女强人"的感觉，着装趋于平和大气，她们的着装原则是：专业形象第一，女性气质其次。怎样才能让自己的形象既专业而又不失女性魅力呢？服装界人士提出了若干原则。

第一，不要过于讲究、刻板。职业女性的着装应该是简洁、朴素的，但是也要有一定的时代感，有自己的个性才行。如果穿套装，那么款式一定要简洁、大方、自然合体，不必过分讲究。记住：简单的服饰下能够产生不简单的女性。很多职业女性在着装上追求的都是既简单又雅致，既舒适又得体；既不像礼服那么正规、华贵，也不像便服那么随意。

除了套装以外，职业女性在衣着上还有很多其他的选择，甚至男性服装也可以尝试。只要符合着装的基本规则，女士们可以尽情挥洒着装的乐趣，对于现代职业女性来说，这可是一种权利。

第二，不要过于强调身材。

职业女性最好不穿过短的上衣，或高于膝盖的裙子，那样你坐下来时只能紧紧并拢双腿；短裤、露脐装等也不要去尝试。假如你的腿又短又粗，最好连短裙也不要穿，再年轻也不行。穿皮鞋，鞋跟高度在2.5~5厘米之间，不穿露脚趾的凉鞋，不穿领口特别低的、布料非常薄的、透的或紧裹身体的衣服。

如果穿着这样的服装上班，就不得不随时注意，工作效率肯定会受到影响。更为糟糕的后果是，这样的着装容易令居心不良的人产生非分之想，产生不必要的麻烦。你的才能和智慧会被所谓的"性感"所吞没，在别人眼中你将会留下"花瓶"的印象，甚至会让人感觉你很轻浮，从而对工作不利。总之，在正式的工作场合，是不该穿得过于暴露的，对于重视自己职业的事业型女性，一定要注意这一点。

要想做一名成功的职业女性，在服装上就不能过分惹人注目，这会对你的可信度和权威感起到削弱作用，进而影响到你的整体形象。

第三，不能过于潇洒、随意。尽管现在社会对职业装的要求不像从前那么严格，可是一些基本的规矩还是应该遵守的。有些女士觉得自己很潇洒，随随便便地穿件T恤或外套，配条洗得发白的牛仔裤，就来办公室上班，殊不知，太休闲的衣服在工作场合是非常不合适的。有人走的是另一个极端，穿着非常华丽的像礼服一样的衣服来上班，这同样是不合时宜的。记住：女性职业装要遵循"中庸之道"，既不能过于讲究，也不能过于随意。

第四，不能可爱得过了头。女士服装里有很多款式是属于可爱俏丽型的。尽管看起来讨人喜欢，但穿到职场中来就不大合适，因为这种类型的服装会给人留下幼稚、轻浮、不稳重的印象。不但"可爱"型的服装不能穿，"可爱"型的装饰物也要避免，在西服、裤子、裙子或衣服领子上镶有非常惹眼的花纹、花边，或者佩带可爱的装饰物，也不适于职业女性。另外需要注意的是，闪闪发光、叮叮当当的珠宝饰品对于职业女性来说也是不恰当的，那些能出声的耳环、手镯、项链，最好不戴。如果要戴装饰品的话，可以选择那些比较安静的，而且最好小而精。

第五，有些服饰要尽量回避。女性的身材有很多种，不管哪种身材，这些服饰都要回避，它们所起的作用只能是让你丧失应有的气质。比如长而紧的裙子、紧身的裤子，前者会令你步履蹒跚，丧失从容不迫的稳重感，而后者会令人把目光集中在你的下半身，不管哪一种情况都会破坏你的美好形象。另外，袖子过宽或过窄的衣服不要穿，过宽会横扫一切，看上去也很不雅，过窄了行动就会不方便。

第2节　裙装——尽显温柔与精致

最能体现女性魅力的服装是裙子。裙子种类很多，或长或短，款式丰富，各具韵味，连衣裙、筒裙、西服裙、超短裙等，令人眼花缭乱。对于职业女性来说，应该选择哪一种呢？

连衣裙能够令女性的身材显得修长而苗条，特别是露肩的黑色连衣裙，线条流畅华美，尽显女性风韵。但是，连衣长裙是不能用于工作场合的，在有的国家里，隆重的庆典活动中也不许穿长裙。裙子过短也不行，至少要到膝盖才可以。特别是和外国人打交道的时候，黑色皮裙最好不要穿，在有些国家，只有街头女郎才这样打扮。

女性在比较正式的场合最好还是穿西装套裙。

在所有适合职业女性的服装中，套裙可以说是最通用的，几乎已经成为职业女性的象征。恰当地穿着套裙，能够令职业女性拥有良好的气质和风度，在工作中给人一种态度认真、温婉雅致的感觉，尽显其专业而有魅力的形象。

裙子是套裙的主角：西服裙、一步裙、围裹裙、筒裙、旗袍裙、开衩裙、喇叭裙等，式样多得很。在选择具体的款式与风格时，要本着简单明快的原则，以线条流畅大方、感觉优雅利落为宜。

在套裙的整体色彩上，几乎所有色度的蓝色、白色、浅灰色和深灰色都可以考虑，另外黑色、褐色、米色等，给人一种较沉稳的感觉，能够衬托出你的精明强干、容易亲近，因此也是非常恰当的选择。黑色是比较受争议的颜色，有人喜欢，有人感觉不妥。其实，黑色给人一种神秘的感觉，非常适合成熟含蓄的职业女性，很多场合都可以穿。

至于花色的套裙，那些用大花、宠物甚至人物做图案的不要选择，否则会给人一种太过杂乱的感觉，不利于衬托职业女性的气质。应该挑选那些图案或花纹比较有规则的，像格子的、条纹的或人字形纹，等等。

对于经典的套裙来说，面料、裁制手工、外形轮廓等，也不能忽视，一定要讲究品位。面料必须是高档的，而且比较结实，比如羊毛、涤纶、精梳棉，不易起皱的丝、麻等，面料不要太薄或太轻，否则会让人感觉不踏实、不庄重。

要选择那些做工精良、穿着合体的套装，整体看起来以平整、挺括、贴身为最好。在套裙的穿着上，有下面一些值得注意的地方：

一、大小要适度。上衣最短要与腰齐，袖子以能盖住手腕为最好。套裙中的短裙不要短于膝盖以上，否则有失庄重，不利于塑造稳重、精干的职业形象。

二、不能光脚。在夏天，有的女性会放松自己的穿着，在穿着套裙和皮鞋时不穿袜子，这是不好的，会显得不正式。在职场上，尽量不要光脚。

三、注意举止。在穿着套裙的时候，应该注意自己的举止。走路时，步子要轻缓、稳当，踮脚尖、弯腰探头等动作最好不做，否则，不仅会破坏套裙的曲线美，破坏自己的整体形象，还有可能不小心暴露身体的隐私部位。

四、不要化浓妆。穿套裙的时候，化妆宜淡不宜浓，这样才能穿出套裙的品位。

五、考虑场合。在工作场合穿着套裙是最为适宜的，但如果是去出席宴会、舞会、音乐会，最好换掉套裙，否则会显得太严肃、拘谨，让人觉得你缺乏生活乐趣。

第3节　裤子——能展示优点也能暴露缺点

裙子能掩盖身材上的缺点，不管是谁，只要方法得当，都可以穿出十足的魅力。而裤子就没有这样的优势。实际上，真正的好身材更适于长裤，因为它能令女性双腿的优美曲线得到更好地展示。拥有美丽的双腿，再穿上修长、合体的裤子，会令你显得更加挺拔出众、气质高雅。

裤子的种类很多，正统的、洒脱的、帅气的，不同颜色、不同面料的，可以说是丰富多彩，选择的余地很大。从裤型角度大概可以分为直筒裤、锥子裤、喇叭裤等几种。对于职业女性来说，哪一种裤子最适合自己，最能使自己穿出品位和气质呢？这要根据个人体型的不同进行选择。

假如你臀部较丰满，就不适合那种紧绷绷的裤子。这种体型应该穿得宽松一些，面料最好没有弹性，裤型以直筒裤为最佳，这种裤子不但可以避免紧身裤所带来的尴尬，而且可以帮你塑造完美的臀型。

相反，如果臀部太小，那么合体的直筒裤也是最佳选择，它不仅可以使双腿看上去更修长，还可以避免臀部显得松松垮垮。对于这种体型来说，阔腿裤是最不适合的，会给人一种空荡荡的感觉。

假如你大腿比较粗，就不要选择弹性面料的裤子；另外，过于宽松或过于紧身的裤子也不适合。对于大腿粗壮的女性来说，直筒裤加上合体的上衣会让你显得十分出色。如果直筒裤再加上竖条纹的话，更能拉长腿部的线条，使粗壮腿部显得修长。

如果你的大腿太细，也不宜穿太紧或太松的裤子。最好选择较厚面料的裤子，颜色不要太深，如果有条纹的话，一定要是横条纹才行。

对于腿肚比较粗，或者是 O 形与 X 形腿的女性来说，直筒裤是最好的选择。其他裤型都很难掩盖腿部的缺点。

假如你的腿比较短，那么直条纹的裤子、高腰长裤或合身的短裤与你更相配。

假如你的小腹比较突出，直筒裤就不大适合你了，能帮你掩饰这一不足的裤型是低腰裤，它能减小腰与髋的弧度，使腹部不那么突出，加强双腿的美感，使它看起来更加修长。

对于臀部和大腿的脂肪都比较多的女性来说，阔腿裤是最好的选择。这种裤型在臀部位置比较紧，在裤腿部分很宽松，结合了裙装的优雅和长裤的洒脱，使女性的下半身变得修长，令整个人显得简洁、飘逸而有个性。

在出席正式场合的时候，凡是合体、面料考究、做工精致的裤子都是适合的，只要注意以上所说的内容、扬长避短就可以。不过，对于成功的职业女性来说，在非正式场合，裤子的穿着也该注意有品位，不能掉以轻心。比如，喇叭裤不是任何人都可以穿的，粗细适中的腿形为最佳，而臀部比较大或大腿比较粗的女性则必须避开，否则只能让体型上的缺点更加明显。

第 4 节　如果你不是"魔鬼身材"

你一定要清楚自己的身材，了解自己的优点和缺点，这样选择服饰的时候才不至于盲目。服饰与我们的体型应该是互相协调的，不适合自己体型的款式坚决不要去穿，即使是非常流行的款式，只要不适合自己就坚决拒绝。要时刻牢记一句话：时髦的不一定最适合自己，只有适合自己的才能让自己富有魅力。

从体型上来讲，着装方面选择面最宽的是瘦高型身材的女人，很多高档服装就是以她们为模特设计的。这种体型的人，只要不穿很高的高跟鞋和竖条纹的衣服，几乎所有款式的服装都可以穿。

可惜的是，在我们的周围，这种身材的女性只是极少数，大多数都有这样或那样的不足之处。

如果上半身比重过大

假如你的肩膀比较宽，就应该把能遮盖住肩骨的或肩幅较小的款式作为首选，连帽、高领皱褶、船形领都能起到缩窄肩部的作用；高圆领、高翻领和卷袖口的款式，能够让肩幅和肩骨的突出感减小一些。

假如你的上半身过长，在选择服装的时候宜偏重于腰线比较高的上装，这样能使上半身显得小一些。另外，还可以穿带垫肩的衣服，把肩膀抬起来，这样可以把腰线提高5厘米左右。

上衣的面料很重要，要选择那些自然垂落的、有质感的布料。颜色最好是深色，能起到收敛的作用。如果穿套装，一定要线条简单、剪裁适中、无装饰，并且上衣是中长款或长款，这样能够遮掩上半身，让上半身的比重小一些。如果非要穿短款上衣的话，那么裙子的长度应该与上衣大体相当，而长裤最好是上衣长度的两倍。

如果是绉纱及其他质地较轻便的上衣，就要选择较厚重的裙子或裤子来搭配，如果场合允许，还应该加上一条比较宽大的腰带，可以达到意想不到的效果。下半身应穿显得修长的服装，如果是裙装，要选择筒式的；如果是连衣裙，要前襟系扣的；如果下半身非常纤细，那么长裤是最好的选择。

身材非常匀称的人是少见的，很多人都是上半身比重大，只是程度不同而已。这种体型在穿衣服方面需要注意很多问题。相比之下，如果上半身比重略小，是很好搭配衣服的。

腹部突出怎么办

对于那些上腹部突出的人来说，能够给人留下一个轻松的印象是最好的。为了达到这个目的，可以选择收腹内衣。至于衬衫的穿着，需要注意的是，不要让它紧贴着身体，应该稍稍宽松一些，过于紧身的衬衫或毛衣都是不大适合的。另外，可以在衬衫外面加一件小马甲，或是一件无领的外罩，都能较好地掩饰突出的上腹部。

选择腰带的时候，要专门挑选宽大一些的，以便控制赘肉。如果要穿裙子，就要注意腹带的问题，千万不要勒得太紧了，要不然会很惹人眼，适得其反。

有的人属于下腹比较突出，那么太紧身或太宽松的衣服都不适合，会使下腹更突出。最好能选用合适的腹带或纤体内衣来收紧腹部，然后选用那种能盖过腹部、比较宽松的衣服。

怎样掩饰腰粗

很多职业女性为腰粗而烦恼，其实，假如你能令自己的身体呈现出一个倒三角形，那么再粗的腰也不会那么显眼了。怎么做呢？在选择衣服的时候，上衣的下摆要适度，不能过宽，而肩部要稍微宽大一些，这样就可以利用衣服的下摆把腰部遮盖起来。

腰部比较粗的女士千万不要穿深颜色的紧身裤，在穿着裙装的时候，更不要用很细的或过于醒目的腰带，那样会强化粗腰。要想办法模糊别人对自己腰部的注意力，比如，可以选穿那些图案夸张、宽松雅致的衣服，也可以穿裙摆上面有细致花纹的 A 字裙，以及合身的直筒裤，等等。不管哪种裙子，下摆都不要太宽，更不要选择直筒裙和百褶裙，它们只能让你的腰部显得更粗。另外还要避免横向设计的图案，要尽量让鞋、裤、裙三者色彩一致或相近，这样能对粗腰起到掩饰作用。

臀围和腿围较大怎么办

对于臀围较大的女士来说，首先要做的就是转移人们的注意力。

从布料的选择上来说，宜选择柔软而不贴身的类型。上衣的长度应该略盖过臀部，这样可起到掩饰的作用，如果下摆稍微收紧，作用更明显。如果要穿裙子，应选择自然下垂的面料，让臀部曲线得到缓冲；裙子最好是直筒形，腰部没有褶皱或收缩。不能穿百褶裙或者大格子、大花的裙子，因为这类裙子强调臀部的曲线。另外，收臀阔腿的裤子效果非常好，有口袋的长裤也可以考虑。

如果大腿比较粗，合身的直筒裤是最佳款式，能让双腿显得修长。千万不要穿紧身裤，几乎要绷裂的感觉会让你的大腿成为众人注目的焦点，毫无美感可言。

应该多选择那些垂感比较好的面料，贴身剪裁，做成比较宽松的直筒裤。另外，宽摆的圆裙也可以达到掩饰的作用，但是要注意着装的场合，对于职业人士来说，直筒裤是最为正式的。

小腿粗大的女士，应该选择较深颜色的袜子，裙长在膝盖以下5厘米最为合适。直线条的款式是最佳设计，圆裙也较能掩饰缺点，大摆喇叭裙是最应该避免的。

如果脚踝比较粗，那么宽松的长裤或八分长的紧身裤效果不错，可以分散人们对脚踝的注意力。如果必须穿裙子而露出脚踝，那么可以根据情况戴上脚环作为装饰。当然，穿长筒靴把脚踝藏起来是最简便的办法。

以上两种情况还有个更简便的解决办法，那就是穿直筒型长裤，不过，这种着装更适合于工作场所。

消瘦并不美

消瘦体型的女性，应该利用服装使自己显得丰满些。假如穿衣者的腰身比较长，那么掐腰的上衣就是较好的选择。另外，合身的长窄裙和长裤也是适宜的搭配。而低腰裤裙和高筒靴是消瘦女性的禁区，这些服饰会让人看起来像根电线杆。

袖子也可以帮助女性显得丰满些，只要选择有褶皱或是那种肩袖比较宽、袖口比较窄的样式，就可以达到这个目的。宽松的迷你连衣裙是最适合苗条身材的，如果属于细长腿形，长袜能让人更具魅力。

消瘦女性的臀部往往比较小，很适合穿那种散发着少女气息的衣服。小臀部的女性在体形上就像少女一样，大部分款式的衣服穿起来都很好看，能显出女性的柔美风韵；而那些具有少女气息的服饰，倒能令你拥有另一种活泼俏丽的美。

体形较瘦的女性在用装饰品的时候要注意，细长或长形饰品要尽量避免，那些又粗又短的才适合；另外，别致的胸针也能使人变得丰满些、柔和些。

大个子和小个子的穿衣之道

如果身材过于高大，那么比较自然、随和的服饰是最恰当的。太短的上衣不要穿，而是应该尽量让上衣长一些，这样才不会显得太高，否则会给人一种压迫感，不利于人际交往。成功的职业女性尤其要注意这一点。比较适合高个子女性的服装是大摆的裙子或圆摆的裙子。另外，横的、斜的花纹或是珠子花样的衣服也比较能衬托出美感来。

女性往往喜欢花边之类的服饰，但是矮个子的女性一定要避免这些，而应该尽量选择款式简洁的服饰，高领毛衣、直筒裤是较好的选择；如果要穿裙子，A字裙和比较紧的裙子都能让你显得高一些。那些衣领开口很大的衣服、百褶裙或长及小腿的裙子，对个子矮的女性来说都不大适合。在鞋子方面，要选择行走方便、鞋跟略高一些的，千万不能为了增加高度而选择鞋跟过高的鞋子，跟跟跄跄地出现在他人面前。试想：短身材，长鞋跟，搭配在一起是什么效果？身材会显得更短，鞋跟会显得更长。

如果你是一位个子不高、较为丰满的女士，那种系腰带的宽松外套是绝对不适合的，要选择单排扣、竖条纹、宽松的短上衣。袖子不能过于肥大，到腕部手镯处最为适宜，这样的打扮会令所有的女人都显得更苗条、更高。

丰满的女士最适合穿梯形线条的衣服。这样的衣服特点是：窄肩，从胸部开始渐渐变宽，腰部曲线不明显。布料最好选择比较硬的，不过厚羊毛面料的衣服也可以，只要不是太软或紧裹身体的面料，都不会令你的丰满度增加。上衣绝对不能是大翻领，领口最好采用船形的、高领的、圆领的，这些形状的领口会或多或少增加你的高度。另外，披风、头巾、披肩，以及各种竖条纹的外套都适合你穿着的。不过，外套一定要宽松，而且外套的上半部一定要显得略窄才好，什么装饰也不要有，下部最好是向外展开的。那些横条纹的花样、光亮的缎子、花纹突起的白纱、大朵花卉的装饰都不适合丰满身材的女士。

至于长裤，不能选择那些太紧的，最好是买大一号的，回去后将腰部修改得瘦一些，再将裤腿弄得短一些。这样一来，身材丰满的女士也有合适的裤子了。

如果穿裙子，最好别穿窄裙子，而且裙摆一定要向外展开。如果裙子比较短，就不要戴围巾。如果佩带装饰品，最好采用大型的、没有花边的。选择鞋子的时候，要选择那些鞋跟粗大的，不能选择细小的鞋跟，因为它跟你不协调。

第5节　袜子与内搭

在正式场合，如果你穿裙装，袜子是必须要穿的，在社交场合不穿袜子是非常失礼的，显得对别人不尊重。

袜子主要分为丝袜、高筒袜和连裤袜，职业女士最好穿连裤袜，它同各种款式的裙子都能搭配，比如一步裙、中间或两旁开衩的裙子，等等。

有些女性在穿裙子的时候喜欢穿短袜子，这种穿法在国外是难以见到的，因为这就是所谓的"三截腿"——一种不得体的穿着习惯。"三截腿"的意思是一截裙子、一截腿肚子、一截袜子，整条腿被分成三截（见图5-1）。这样的穿着方式会让腿显得更粗更短。

袜子的长度是个问题，袜子的薄厚也不能忽略。季节、温度只是决定袜子薄厚的因素之一，夏天的袜子可以是薄的、透的，冬天的袜子可以是厚的，但如果参加非常正式的晚宴，就不能只考虑季节和温度了。

袜子的颜色最好是单色，还要注意与肤色、服装色彩的搭配。黑色的袜子在夏季不能随便穿，淡颜色的裙子是不能配黑色袜的，只有穿黑色或深色衣裙时才行。春秋季节的黑裤袜，不宜太厚，即使是羊毛的也是如此，微微带些透明的感觉最好；冬天则要穿厚厚的袜子，那样才显得协调。

很多人在穿丝袜的时候不够小心，弄得丝袜起褶、松垂，皱巴巴地搭在脚趾和膝盖处，看着很不美观，职业女性必须避免类似的状况出现。办法很简单，那就是隔一段时间关注一下自己的着装，如果袜子出了问题，应该先弄好脚部，之后再向上拽，千万不要拎着袜口一个劲儿地拉。

这样的行为适合在洗手间，千万不要在大庭广众之下摆弄自己的袜子。我们身边总是有一些对于形象礼仪一知半解的女士，她们的鞋袜也许很昂贵，但是在众目

图5-1

睽睽之下整理袜子的行为足以使她们形象全无。前些年曾流行把健美裤、九分裤当袜子穿，这些年已经销声匿迹了，"外"衣与"内"衣绝对不能混同，服装以及礼仪必须讲究场合。

对于女性来说，袜子和内衣有相似之处。首先是不能不穿。其次，不能内衣外穿，即使是穿着"内衣风格的外衣"也不行，这样穿显得不庄重、不得体。最后要注意的是，不能把内衣露出来，领口无意中露出的肩带或腰部露出的一圈内裤，都会令你的形象大打折扣。还要注意的是，内衣不要太薄太透，美丽与庄重同样重要。

TIP

本章要点

★怎样才能让自己的形象既专业而又不失女性魅力呢？服装界人士提出了若干原则。

第一，不要过于讲究、刻板。

第二，不要过于强调身材。

第三，不能过于潇洒、随意。

第四，不能可爱得过了头。

★女性在比较正式的场合最好还是穿西装套裙。恰当地穿着套裙，能够令职业女性拥有良好的气质和风度，在工作中给人一种态度认真、温婉雅致的感觉，尽显其专业而又有魅力的形象。裙子是套裙的主角，在选择具体的款式与风格时，要本着简单明快的原则，以线条流畅大方、感觉优雅利落为宜。

★要时刻牢记一句话：时髦的不一定最适合自己，只有适合自己的才能让自己富有魅力。

★真正的好身材更适于长裤，因为它能令女性双腿的优美曲线得以更好地展示。

6

第六章

加分的细节——配饰

手表、眼镜、腰带、公文包、钢笔等，都是容易被人忽略的"附件"，但是，正是这些小的附件同服装一起，构成了你的整体形象。细节虽小，却也是你整体的一部分，可以帮助人们分辨出一个人的真实身份。

第1节　小细节为成功埋下伏笔

有这样一句话：“大象虽大，却不咬人，蚊子虽小，却会叮人。”

如果一位女士去参加一个非常重要的会议，身上穿的西装套裙非常得体，脚下的皮鞋也乌黑发亮，可胳膊上却戴着一只色彩斑斓的塑料手表；如果一位男士穿着合体的西装、雪白的衬衫和搭配得当的领带，动手在合同上签字的时候，却拿出了一支很便宜的塑料圆珠笔……

如果出现这样的情景，你对这两个人做何评价？

手表、眼镜、腰带、公文包、钢笔等，都是容易被人忽略的“附件”，但是，正是这些小的附件同服装一起，构成了你的整体形象。细节虽小，却也是你整体的一部分，可以帮助人们分辨出一个人的真实身份——他是个怎样的人呢？是一个成功的商人，一个有威望的领导，还是一个看似成功却离成功很远的人？

我们在日常生活中往往会有这样的感受，因为一些很小的问题，我们就开始对某个人产生反感。尽管都是些不足挂齿的小事，却使我们再也无法重新树立起对某个人的美好印象。廉价却耀眼的手表或项链，与笔挺的套装放在一起是多么不协调啊！另外，磨破了的手提包、免费得来的塑料笔、整齐的外套上面拖着的一根线、西装肩膀上散落的头皮屑，或者衬衣上空着的一个扣眼，都是大煞风景的，会使一个人的形象黯然失色。所以，在有了得体的服装之后，还要注意细节的点缀，争取使其起到画龙点睛的作用，为整体形象增加一抹亮色；反之，一个小问题就可能造成大麻烦。

服饰就是身份的展示牌。经验丰富的刑警在这方面很有眼力，他们可以通过一个人的穿着判断出此人是不是个以欺诈为生的人。这种人往往有个特点，那就是从外表看似乎有一定的身份，衣服很高档，可总会在某一个细节上出现问题，比如皮带、鞋子、眼镜之类。

如果你是一个真正的成功人士，或者正在努力获取成功，那么就不能在细节上有所闪失。在财力允许的范围内，一定要将自己的佩饰置办到最好。手表、钢笔要尽量高档些、精致些；雨伞、皮箱要时常检查那些接口的地方，看看有没有破损，是否应该及时送去修补，或是换新的。东西虽然很小，却关乎你的整体形象，千万不能马虎。

不过，在装扮上最省事的方法就是让自己简单一点。只要整体看起来整洁、体面、颜色搭配恰当，就会令人感到很专业、有档次。修饰过多反而会失去应有的效果。就拿职业女性来说吧，假如身上放了很多种装饰物，像手镯、耳环和戒指之类的全都上阵，就显得太烦琐了，给人以虚浮不可信的印象。其实一对雅致的耳钉或许会比一堆首饰戴在身上的效果更好，更能为你的形象增添亮色。

虽然我们要注重配饰的档次，但是不要忘记，服装、配饰的最基本原则是洁净。并不是所有人都买得起贵重的配饰，但这并不妨碍你塑造令人尊敬的形象。

刚刚毕业的年轻人喜欢穿牛仔裤，有的人还为牛仔裤开发了一种新用途——上洗手间用它来擦手。大多数年轻人都不怎么带手帕，即使是带在身上，也只是随便一塞，弄得皱皱巴巴的，一点儿也不舒展。假如有哪个学生把手帕弄得又干净又整齐，就会让人觉得眼前一亮，不由自主地产生好感。

在与人打交道的过程中，应该尽量穿质量好的衣服，并佩带质量好的配饰，但如果确实有困难，就不要强求。如果你看上去很干净、很舒服，连手帕都一尘不染，就会给人留下很好的印象。

做个重视细节的人吧！这样你成功的概率才会更大！

第2节　腰带、围巾、帽子和手套

腰带

通常情况下，腰带的颜色与服装和鞋子应该协调一致，而且以深色为好，一条3~4厘米宽的黑色腰带是最保险的，配什么颜色的服饰和鞋子都不会有错误。

男士在着装的时候除了要遵守"三色原则"，还要遵守"三一定律"，意思是说，男士穿正装的时候，皮鞋、腰带、公文包这三部分的色彩要和谐统一，因为这三部分是男士身上最引人注意的地方，而三者之间的协调感是高品位的象征。统一为黑色是最正规的选择，比较简便、实用。另外还可以根据服装的颜色备用一两条其他颜色的腰带，式样要简洁一些。

腰带的带头不要太花哨，在造型上应该力求简单、大方。无论是在带头上还是皮带上，都不要有大字符的商标符号，要极力避免太显眼的品牌特征，因为这会对你的形象产生负面影响。对于女士来说，如果皮带上有金属配件，那么鞋上的扣子以及身上的首饰都应该是同一种颜色，否则就会显得不和谐。

系好腰带之后，往上面挂任何东西都是不得体的。虽然你的挂件昂贵美观，但挂在腰带上就不合适。任何形式的腰带悬垂物，都不会令你显得身份高贵。有些男士喜欢把钥匙、手机套之类东西挂在腰带上，也许这样比较方便，但是不符合成功人士的形象标准。男士们一定要注意这一点。

围巾

过去，围巾的作用主要是挡风或御寒，而现在，它的功能已经发生了很大转变，从原来的服务功能变成了装饰功能。不同颜色、不同质地和款式的围巾，会令你的形象大不相同。同一件衣服，如果配以四种不同的围巾，就会产生四种不同的感觉，适合于四种不同的场合。

围巾的选择是很有讲究的，它们的颜色应该与服装相协调，与场合相适应，与你自身的条件相适应。在正式场合，男士应该戴棕色、灰色、深蓝色等深色围巾。对于女士来说，如果服装的颜色很亮丽，那么素色围巾是比较适合的；如果服装的款式比较简单，而且颜色比较素雅（比如说黑色、白色、炭灰色、奶白色或海军蓝色），那么围巾的颜色就应该是鲜艳的，比如明黄色、大红色、玫瑰色、青绿色或者花色，这样的色彩可以起到画龙点睛的作用，使你的脸色显得更白皙，整个人都会变得更加年轻而富有活力。

帽子

应该说，帽子是一种显眼的装饰品，非常引人注目。如果你对帽子情有独钟，而且深通此道，它一定会令你的形象更高雅。需要注意的是，正式场合切不可轻易戴帽子。要知道，现实生活不同于电影，而且我们的生活与外国人也有所不同。

假如是穿着工作服去大街上的话，戴什么样式的帽子就要考虑清楚了，贝雷帽、公主帽、棒球帽只有休闲时才适合戴，和工作装配在一起，会显得不伦不类。

帽子除了必须与衣服相搭配之外，同每个人的年龄、脸型、发式也要相配。所以，买帽子的时候一定要找一个全身镜，看看大小、形状是否与自己的身材相搭配。

大致说来，个子矮的人不宜戴宽檐帽，否则会显得更矮小；个子高的人帽子可以大一点，但是高筒帽是不合适的，戴这种帽子会让人觉得你在演戏。另外还要看帽子的形状与你的脸型是否合适。长脸人应该戴宽边帽或帽檐儿向下拉的帽子，高顶帽或小帽就不大合适；宽脸的人适合戴小沿帽，帽顶也要高些才好；遮住额头的帽子不适合尖下颌脸型。

戴帽子的时候还要讲求方式，靠后的戴法会突显你的轻松活泼，靠前的戴法会令你的个性得到张扬，只要能够与服装的款式、着装的场合相适应，怎样戴都可以，关键是要有助于塑造你自身的形象，突出自己的风格。

最后要强调的是，进入房间的时候，帽子应该脱去，否则会有些失礼。对于男士而言，这一点是必须遵守的，而对于女性则没这么严格。不过，如果是在职场上，大部分女性也完全遵守这个规定。

手套

手套属于不显眼的配饰，但质量好的手套往往价格不菲。对很多人来说，手套不仅仅是为了保暖，更是一种装饰物，那些质地精良、款式考究的手套能使人的整体形象增添一分经典与别致。另外，由于手套的基本样式变化不大，所以不用担心过时，几乎可以一直用下去。从这一点看，花大价钱买一副好手套是非常值得的。

从色彩的角度来说，黑色、红色和深棕色的手套是用途最广的，尤其是黑色。从制作的角度来看，最优雅的是亮面的羔羊皮制成的手套，如果再加上丝绸衬里，即使是比较冷的天气也完全可以应付。另外，小山羊皮和羚羊皮的手套也不错，只是太容易损坏了，要经常更换才行。最实用的是尼龙手套，做工精致、厚度相宜又不反光的那种，也是非常不错的选择。在正式场合千万不要戴毛线、布料手套，或者透明尼龙的手套，那只能让你的套装变得难看。想想看，假如一位女士穿着优雅的礼服或精干的职业套装，而手套却是毛线的，那会多么令人遗憾！但如果她戴着的是黑色皮手套，效果就会完全不一样。

不管是什么手套，不管是男士的还是女士的，宽窄与长度都必须合适才行。现在的社会交往中只适合戴比较短的手套，短手套既实用又美观，而长手套几乎已经退出历史舞台。我们在电影中都看到过特别长的手套：某贵夫人穿着短袖或无袖的衣服，向某绅十伸出手来，整个小臂都裹在精致的手套里。这种情况在当今社会生活中几乎不存在，只在演艺界和某些特殊的场合偶尔出现。现代社会讲求实用，服装、配饰的款式力求简洁、大方，不喧宾夺主。在戴手套的时候，如果手套的长度恰好碰到袖子，那么一定要用袖子把手套盖住才行。

戴手套是有礼仪的，但并不复杂。西方传统礼仪中有很多关于手套的规定，比如说，在戏院里、正式的宴会和舞会上，是要戴手套的，女士和别人握手的时候也可以戴手套。这些规定都不适合当前的中国，所以不必遵循。

戴手套的时候只要注意一点就可以：无论男士还是女士，进入室内之后都应该马上摘下手套，男士尤其要遵守；与人握手的时候要把手套摘下来，否则会显得非常没有礼貌，这一点女士也必须遵守。

第 3 节　眼镜、手表和首饰

眼镜

你身边肯定有这样的人：鼻子上的大眼镜一直戴了很多年也不换，别人的眼镜已经花样翻新了好几次，他却依然如故。当你看着这样的人时，你会觉得他是一个怎样的形象？

眼镜是最常见的配饰，除了实用价值以外，还可以对面部起到一定的美化作用，所以其款式非常重要。眼镜的款式应该随着时代的变化而适当改变，只有顺应潮流的发展，才不会给人以"古板"的印象。

眼镜有近视镜、平光镜和墨镜之分。近视镜是为了矫正视力，所以最重要的是度数，不合适的度数会加重眼睛的负担，不仅给生活带来不便，时间久了还会导致视力下降。不过，即使是近视镜，也要注意美观，镜框的选择与平光镜和墨镜有相通之处，可以参照。

图 6-1

平光镜是专门为一些非近视，又想通过眼镜为自己增添一些儒雅之气的人设计的，因此选择的时候，一定要根据自己的脸型、肤色来选择最相配的镜框。一般情况下，金丝边眼镜比塑料边的更儒雅，而又粗又厚又宽的塑料框眼镜最好不要选择。

墨镜是有色镜，佩戴的目的是抵挡住刺眼的阳光，或者眼睛因为某种原因发红或发肿了，不好意思被人看到，或者是出于其他目的，比如眼睛非常小，不大好看，想用这种方法遮掩起来，等等。一般情况下，正式场合是不该戴墨镜的，如果是前面所说的病理原因，那就必须向对方说明并致歉。同人握手说话是一定要摘下墨镜的，要不然会非常失礼。

图 6-2

不管你戴眼镜的目的是什么，要想达到令人满意的效果，眼镜框都要与你的脸型相配，因为眼镜框会影响到整个面部的轮廓。一般说来，眼镜框的形状与脸型应该是相反的。假如你是标准的椭圆型脸，那么任何形状的眼镜框对你来说都很适合；而圆脸型的人，比较适合戴有棱角的眼镜框，以便看起来脸型会显得长一些（见图6-1）；方形脸宽下巴的人比较适合戴圆镜框的眼镜（见图6-2），这样脸型看起来会圆润一些；而那种窄边方框的眼镜，比较适合短下巴的人（见图6-3）；脸型长而瘦的人，

图 6-3

需要使脸型显得宽一些，所以应该戴宽度超过脸宽的眼镜框（见图6-4）。无论哪一种脸型，都不要选择那种边角向上翘起的小丑式的镜框，那种镜框只会让人显得怪里怪气的，毫无形象可言。

图6-4

购买眼镜框的时候一定要有耐心，最好能多试几副，如果有必要的话，你尽可以试戴50副。试戴的时候，首先要看你的眼球是否位于镜框的中心，镜框颜色与自己的肤色是否搭配；然后观察镜子中自己的正面和侧面，看看总体效果怎样；最后还要感觉一下，这副镜框戴起来是否舒服。

颜色是选择眼镜的时候需要考虑的一个方面。半透明或浅褐色边框的眼镜是适用范围最广的，几乎各种肤色的人都可以佩戴。深色镜框的眼镜比较适合肤色较深的人，浅色镜框的眼镜适合肤色较白的人。黑色的镜框能令年轻人尽显成熟的风度，却不适合年纪较大的人，因为那会让佩戴者显得年纪更大。

最后要说的是眼镜上的装饰，从职业形象的角度来说，所有装饰都应该去掉，特别是那种水晶蝴蝶的花样，即使是由真正的钻石镶嵌而成，也会让人感觉毫无品位可言。如果你想塑造精明强干的形象，眼镜上就不要有任何装饰。

手表

现在请你立刻回答一个问题："你朋友手表的表盘是什么样子的，有哪些装饰？"假如你印象比较深，并且马上就说出来了，那么我们的结论是：他的手表戴得不够专业，不符合他自身的形象——因为他的手表太惹眼了。

最初，手表只是用来提醒人们时间的，而今，手表不仅仅告诉我们时间，更向我们显示一个人的品位和地位。手表最常见的等级标准是：越技术化、越富于太空时代特色的手表，所显示的质感越差。因此，那些设计过于复杂琐碎，表盘或表针过于讲究，数字过于花哨的手表尽量不要戴。有的手表不仅能提供当地时间，还可以显示当年所剩天数；有的手表很花哨，甚至带有星座标志；有的手表看上去像个高科技仪器，外人怎么看都看不明白；有的手表不显示时间，必须要按一下按钮才行……以上类型的手表只能让你的形象大打折扣，没有其他作用。假如现在你发现自己的手表不合适，那么一定要去买一块新的来。

在比较正式的场合，手表应该看起来既简约又雅致。金属表是较好的选择，表链也要金属的，或是优质真皮。黄金色手表看起来比白金的更显高贵，因为白金表尽管是高雅的象征，但是非常容易和银表、不锈钢表混淆。

首饰

首饰最初指的是戴在头上的装饰品，现在耳环、项链、戒指、手镯等，都被列入了首饰之列。首饰一般可以分为休闲类和晚妆类，休闲类的首饰所用材料没有特殊的要求，只要能起到装饰作用就可以，比如木质、骨质、塑料、贝壳、陶瓷，等等；而晚妆类首饰对材料的要求就比较高了，总的要求就是要闪亮，金、银、珍珠、钻石等能够放射光芒的材料是最好的。

购买首饰的时候，切记不要以价格高昂与否作为依据，许多价格昂贵的物品并不一定品位高雅。无论是金、银、宝石的，还是比较时尚但价钱便宜的，都要挑选那些款式典雅、做工精细的，如果制作得比较粗糙，宁可不戴。

假如你想为自己的形象增添一分华美、高贵，那么金色往往比银色效果更好。假如你想让自己增添一分高雅，那么铂金是你最好的选择，其次就是珍珠。

无论目的是什么，在用首饰装扮自己的时候，要遵循"简单"而"高雅"的原则。

佩戴的首饰不要太多，一定要点到为止。如果身上戴了过多的首饰，带给别人的不会是美感，而是庸俗，别人会认为你是在炫耀，或者认为你是个毫无品位的暴发户。装饰物是起点缀作用的，不应故意惹人注意。

装饰品的佩戴要能够突出自己的优点，弥补不足，让自己的个性得到张扬，千万不要盲目模仿别人。适合于别人的不一定适合你。

佩戴首饰的时候还要懂得寓意，以免造成不必要的尴尬。比如，戒指戴在每个手指上都有不同的意义，已婚人士往往在无名指上戴结婚戒指，以此来告诉别人家庭和工作是他的中心；手镯和手链等也一样，不同的戴法有不同的意义，假如戴错了，往往会导致失礼和误会。

佩戴首饰除了要注意寓意之外，还要注意场合，不同的场合应选择不同的首饰。

在西方，钻石首饰一般是晚上才用的，白天很少有人佩戴；而在中国，除非很隆重的或者国际性的场合，其他场合并没有如此严格的要求。但是，无论是在西方还是在中国，在出席葬礼的时候是不戴任何首饰的。

对于职业女性来说，适当佩戴首饰可以让自己更富魅力，比如耳环、项链、胸花等。这些首饰必须样式简洁，同服装整体相搭配；另外，首饰的颜色最好上下呼应，色彩一致，比如淡金色耳环就要搭配淡金色的项链才好。

以下就详细说说常见的几种首饰。

首先说说项链。

项链是女士们常用的饰物之一，当然，现代男士戴项链的也不乏其人。不管是男士、女士，选择项链的时候都要遵循一定的规律。首先要从整体考虑，看看项链的颜色同衣服是否搭配，项链的长度同衣领的大小、形状以及个人的脸型是否搭配，等等。不同的脖子可以选择不同的项链，如果身材高挑且颈部细长，可以戴那种紧贴脖子、短粗的项链，可以达到缩短颈长的效果；还可以把好几根长长短短的项链同时佩戴，很特别，富有装饰性。脖子短而粗的人就需要戴长长的项链，不能紧贴着脖子，这样从视觉上可以使脖子显得长一些。

尖脸或瓜子脸适合比较细、比较短、款式秀气的项链，太长了会让脸变长，效果不大好。脸又尖又瘦小的女性，不适合佩戴那些宽的或感觉很粗犷的项链，要不然会显得很不协调。如果是方型或圆型的脸，细长些的项链是较好的选择，偏V形、椭圆形项链能让这种脸型显得精致典雅一些。目字脸型比较适合戴圆形项链，不要戴V形垂吊式项链，否则会显得脸更长。

金银、珍珠等比较有价值的项链要贴颈戴，以精致短小为佳，太粗太长反而不好。对于亚洲女性来说，珍珠项链是很好的选择，很多场合都可以戴，还不用担心过时的问题。

职业女性们佩戴项链的时候，应该选择那些体积较小、比较轻便、做工精美的金项链、白金项链或银项链，显得比较有档次，符合职场人士的身份。千万不要佩带那些过于夸张的项链，以免有过分招摇的嫌疑。

再说说耳环。

过去，戒指与项链是中国女性比较重视的首饰，随着时代的发展，现代女性，尤其是职业女性们，似乎越来越看重耳环了。耳环最大的好处就是能够衬托出人的面孔来，即使很普通的面孔，在耳环的衬托下也会与众不同。想想现在的节目主持人，不戴耳环的真是少之又少。

耳环款式丰富，带坠子的、不带坠子的，金色的、银色的，金属的、珍珠的，可选择的余地非常大，所以出错的可能性也非常大。耳环绝不能随便戴，戴还是不戴、怎样戴，直接影响到整个脸部的效果。大致说来，选择耳环应考虑年龄、脸型宽窄和大小、服装款式等很多因素。

一般情况下，金色、银色或白色的耳环几乎能和任何颜色的衣服相搭配，但彩色耳环一定要与服装的色彩相协调才行。

圆形、正方形耳环比较适合脸型瘦长的女士，而脸型圆胖的女士戴起来效果就不会很好，她们应该戴悬垂式条状耳环，可以拉长脸部的线条，显得秀气些。方形脸女士可选卷曲线条、椭圆形、条形、钮形或垂挂式耳环。脸型较长的女士，可选偏圆形、椭圆形、倒三角形、大方形等能增加阔度感的耳环，不要选择那些悬垂式耳环，尤其是细条状的更要避免。瓜子脸选择的余地比较大，扇形和水滴形耳坠是较好的选择。至于心型脸，比较适合悬垂式的三角形耳环，这种耳环能增加上下部的平衡感，让面部两侧显得宽些。宽脸或胖脸女性，不适合佩戴大耳环或是带坠子的耳环；如果你是戴眼镜的女士，那么最好不要佩戴耳环。

手镯与戒指。

对于单身女士来说，手镯一般戴在右手腕上，表明佩戴者是自由的、不受约束的；已婚者应该佩戴在左手腕或左右两手同时佩戴。

选择手镯的关键是要看与其他饰品是否协调，比如宽的手镯要与宽的项链相配合，以便使整体形象比较协调。另外还要与体型相协调，比如短粗胖的手型最好不要戴宽手镯。

与手镯相比，戒指是更为常见的一种装饰品，戴法也更为讲究。无论男女，戒指通常应该戴在左手上，而且一只手最多只戴一枚戒指。戒指戴在每个手指上的意义都是不同的，戴在食指上，表示尚未恋爱，正在求偶；戴在中指上，表示已有意中人，正在恋爱中；戴在无名指上，表示已经订婚或结婚；戴在小指上，表示立志独身，不结婚；大拇指一般不戴戒指。可以说，戒指是一种无声的宣言或标志，不能随便戴。

戒指的款式比较多，有宽有窄，镶的宝石也有大有小。假如是年轻女性或少女，镶大块宝石的戒指比较适宜；中年女性既可以戴大块宝石的，也可以戴小碎宝石镶嵌的戒指。如果手指头又短又粗，最好不要戴又宽又厚的戒指，而应该戴窄戒指，可以让手指显得纤细一些。在各种戒指之中，结婚戒指是最值得重视的，最好选用纯金、白金或白银材料，如果镶钻就更好，表明爱情的纯洁；另外，也可以把双方的姓名刻在戒指上，以作为永久性的纪念。

最后需要注意的是：戒指是最容易弄脏的首饰，必须每年送到专业首饰匠那里清洗一次，要不然是难以真正弄干净的。

第4节　一只包点亮整身穿搭

男士的包

对于成功的职业男士来说，一个适当的公文包是非常必要的，不仅可以把有关文件、票证和钱包等日常用品放进去，还能为整体形象增添几分专业气质。一般说来，公文包应该选用深棕色或黑色的牛皮或羊皮包，也可以根据服饰选择与之相配的其他颜色的皮包，但是颜色不宜太亮，使用时也不要过于张扬。公文包要尽量简洁大方，外表杜绝花纹图案和文字。另外，公文包里不要什么都放，以免使公文包"过度膨胀"。

男士的公文包外面应该尽量避免装饰物品，里面不要忘了放一支优质的、高品牌的金属墨水笔，廉价塑料圆珠笔最好不要放。

在当前的中国，很多商人喜欢使用手包，比公文包小，比钱包大，里面可以放车钥匙、钱包、证件、手机，等等。这种包，在国际上是比较少见的，可以说是中国的特色。正因为如此，在某些具有"国际眼光"的形象学著作里，这种包被斥为"砖头包""土大款包"。对于这个问题，应该换一个角度去看。首先，这种包很实用，已经被广泛接受，我们没有理由逆潮流而动，虽然这个潮流可能仅仅限于中国；其次，对于大部分中国人来说，包括高级白领，他们并不是每天与国际友人朝夕相处，也不是每天游走于世界各国，他们身在中国，没必要遵循国外的规则。入乡随俗才是正道。

　　总的说来，手包还是比较符合职业形象的。

　　需要注意的是，这种包更适合老板。如果一个职员每天都像老板一样拿着手包，老板会怎么想？

女士的包

　　包也是女士在社交场合不可缺少的配件，它同服装的搭配可以说是一门艺术，一个合适的包不仅能显示出主人的品位，还能在一定程度上弥补形象的不足。如果某位女士想让一套街上随处可见的普通套装变得与众不同，最简便的方法就是拎上一个配套的包。如果穿的是轻薄的衣服，就可以拿上一个小巧精致的丝编手袋，这样一来整个形象就会显得更加轻柔典雅；如果穿的是朴素的连衣裙或套装，那么就应该配上优雅的手提包。

　　既然包或者说手袋如此重要，那么在挑选的时候就要花些心思。

　　首先手袋一定要精致，质量方面不能将就。当然了，质量越好的手袋价钱也就越贵，不过，如果说起实用来，一个做工精致、皮质优良的手袋比好几个做工粗糙的手袋都要耐用呢，所以这个钱花得值。如果能仔细规划的话，其实你需要的手袋是很少的，你会注意到，虽然你的包很多，但能经常用上的只有那么两三个。所以，你只需要精心选择这两三个就可以了。

　　第一个是又大又结实的手提包，上下班和工作时间用，可以搭配套装和那些稍微正式一点的衣服。最实用的选择是买一个精美的黑色小牛皮包，因为小山羊皮的手袋不大耐用，而漆皮的手袋又不大优雅。假如你经常穿单色服装，那么手袋上有两种或更多的颜色是很漂亮得体的。假如你的服装非常有限，那么纯黑色、纯米色或纯褐色的手袋是比较实用的，可以随意搭配，不会显得不协调。

　　第二个是中等大小的包。用处和大包差不多，在用不着装那么多东西的时候使用，如果经济紧张，这个包可以不买。

第三个是小巧玲珑、比较讲究的手提包，用来放化妆品、钥匙等。高档的小手提包可以搭配礼服，出席一些正式的场合。它的材料可以是绸缎或天鹅绒，细腻而美观，更像是首饰而不是手袋。还有用珠子装饰的手袋，深蓝色、深灰色、深黑色以及金黄色，这些纯色的都非常漂亮。以上所说的手袋最适合正式场合，如果出席正式场合的机会不多，就需要准备一个比较坚固耐用的小手提包，在外出的时候非常方便。每个人的经济能力不同，如果有条件的话，应该多准备几个不同颜色的小手袋，用来搭配不同的外套；如果经济紧张，那么就准备一个黑色的或者红色的，其他量力而行。

无论是哪一种款式的手袋，都要与身体成比例。如果个子很小的人拎着一个大大的手提袋，看起来肯定很吃力，至于专业形象与魅力更是无从谈起了。况且，越是大的手袋，做工之类的就可能越不考究。那些特大型的手袋是不适合职业女性的。反之，假如一位身材高大、体格强健的妇人手里拿着一个非常小的手袋，感觉也不是很和谐（见图6-5）。

图 6-5

成功的职业女性还要知道一点，那就是：怎么让自己的包同场合、服装相互搭配。不同场合、不同环境需要有不同的手袋相配衬。参加社交活动，如宴会、舞会，穿上一件轻快的服装，配上小巧精致的皮包或工艺包不但显得可爱，而且颇富韵味。正式场合，不要背大包入场，这与气氛不协调。如果一个女士穿得很正式，手里却拿着一个运动包，就会显得不协调。对于经常参加社会活动的女士来说，不同款式、颜色、质地的包都要有，不能仅局限于上面所说的三个包，这样在与服饰搭配的时候才会有选择的余地。

一般情况下，如果你用一个考究的手袋同朴素的深色衣裙相配，那么整体感觉就会很端庄。

至于鳄鱼皮的手袋，尽管非常昂贵，可是对于正式的场合来说是不太适合的。一个穿着华丽套装的女士，如果手拿鳄鱼皮包，那么整体形象往往减分很多。

搭配什么样的包，要考虑处于什么场合。在参加晚宴的时候，你可以拿上一个精致的小提包；如果要出门旅行，就应该拿一个软皮做的大手袋或牛仔包，如果有草编的大提包更好，可以令你的形象更加轻松、潇洒。

对于夏季来说，浅色的手袋会给人一种整洁、清爽的感觉，尤其是米色的，既可以搭配深色服装又可以搭配浅色服装，各有不同的风雅与韵味。而对于秋冬季节来说，颜色就应该深一些，而材料以鹿皮或毛料为最佳，因为这种材料会给人一种温暖的感觉。当然，可以适应任何场合、任何服装款式的还是黑色皮包，只是款式不同而已。

第5节　打造你的专属名片——香水

法国著名时装设计师香奈儿对香水的评价是："服饰中的最后一笔。"

香水是一种无形的装饰品，它能在一瞬间、在不知不觉中改变一个人的整体形象。如果一个人在衣着打扮上已经无懈可击，那么能让他的形象更上一层楼的，非香水莫属。服装设计大师纪梵希曾经这样说："能选择出最适合自己风格的香水，说明此人是一个绝顶聪明的人。"

在这两位世界级形象大师看来，香水对一个人的形象塑造是至关重要的。不过，在现实生活中，很多人对香水的认识都还远远不够，大家更关注服饰。香水最大的功用在于，它可以使你变得愉快、兴奋，你会觉得自己非常有精神，而他人则会感受到这种情绪，从而使你的整体形象笼罩上一层异样的色彩、一种不同凡响的魅力。香水刺激嗅觉，让人不知不觉地展开联想，恰当的香水会改变你对自己的感觉，也可以改变他人对你的感觉。人是非常奇妙的，一旦感觉好，做什么事都会积极乐观、信心百倍。在交际场合上，适当使用香水，会让人感到舒适以及被尊重，从而为我们增加魅力。

香水的使用是很考究的，必须遵守一定的原则才行。

首先，香水的味道不要与烟味共同存在，混合了烟味的怪香会把周围的人全部赶跑。

味道比较浓的香水，是冬天和夜晚的宠儿；如果平日里用的太浓、太多，会令身边的人感到不舒服，从而破坏你在他人心目中的形象。不管从哪个角度来说，身体首先要保持清洁，这样才能让香水与体味相互协调，产生更好的效果。

夏天和白天适宜使用清淡的香水，而且现代人更欣赏味道淡一点的香水，喜欢复杂精细的混合型，而非单一的香味。一般的应酬，清香型就比较适宜，工作期间最好用淡香型的，它比较适合办公环境。

涂抹香水的时间应在出门前半小时，位置是动脉跳动处，比如耳后、胸前、大腿弯及手腕内侧、腋下，等等。头发里和鞋内侧是不能用香水的，因为这两处地方往往免不了有其他气味；涂香水的时候不要使用那些香气扑鼻的发胶、摩丝之类，不然各种味道混在一起，会让人感到很俗气。

TIP

本章要点

★手表、眼镜、腰带、公文包、钢笔等，都是容易被人忽略的"附件"，但是，正是这些小的附件同服装一起，构成了你的整体形象。

★男士在着装的时候要遵守"三一定律"，意思是说，男士穿正装的时候，皮鞋、腰带、公文包这三部分的色彩要和谐统一，因为这三部分是男士身上最引人注意的地方，而三者之间的协调感是高品位的象征。

★眼镜的款式应该随着时代的变化而适当改变，只有顺应潮流的发展，才不会给人以古板的印象。

★越技术化、越富于太空时代特色的手表，所显示的质感越差。

★挑选首饰，无论材质是金、银、宝石的，还是比较时尚但价钱便宜的，都要挑选那些款式典雅、做工精细的，如果制作得比较粗糙，宁可不戴。

★佩戴的首饰不要太多，要点到为止。

★公文包要尽量简洁大方，外表杜绝花纹图案和文字。

★无论是哪一种款式的手袋，都要与身体成比例。如果个子很小的人拎着一个大大的手提袋，看起来肯定很吃力；反之，假如一位身材高大、体格强健的妇人手里拿着一个非常小的手袋，感觉也不是很和谐。

★如果一个人在衣着打扮上已经无懈可击，那么能让他的形象更上一层楼的，非香水莫属。香水最大的功用在于，它可以使你变得愉快、兴奋，你会觉得自己非常有精神，而他人则会感受到这种情绪，从而使你的整体形象笼罩上一层异样的色彩、一种不同凡响的魅力。

7

第七章

真正关注你的样貌

外表是一个人内在素质的反映。如果一个人外表邋遢、丑陋可鄙，那么他给人留下的第一印象会不怎么好。

第1节 没有人愿意透过你邋遢的外表，去了解你的才华

仪表美的根本是清洁

外表是一个人内在素质的反映。如果一个人外表邋遢、丑陋可鄙，那么他给人留下的第一印象会不怎么好。

在穿衣方面，我们很少见到胸前有污渍的人，但领口、袖口脏的人就比较多。这些人只关注身上比较显眼的地方，而领口、袖口这些小地方就很容易忽略。实际上，如果一个人全身上下都很整齐得体，身上不管哪里有污渍都会分外显眼。

对于职业人士来说，这些小细节一定要注意才行，衬衫应该一尘不染，衣领、袖口等处也必须保持整洁。如果我们看到一个人衣服不整洁，肯定会认为他的生活方式有问题，进而联想到他的办事能力，影响他在我们心目中的可信度。

如果你不相信有这么严重，可以问问周围的人：初次见到一个陌生人的时候，最容易令你产生不良印象的是什么？大概很多人都会提到卫生问题，比如衣领、袖口的污渍，另外还有油腻腻的头发、黑乎乎的指甲缝、汗味、污浊的口气，等等。

以上所有问题，都属于清洁问题。

保持仪表美的关键，首先是做好清洁工作。每天都要沐浴、清洗衣物，目的就是让我们保持最好的状态。皮肤、头发、牙齿和指甲要永远给人一种干干净净、修饰一新的感觉。

经常洗澡，是保持良好仪表的诀窍。要保持身体的洁净与清爽，这样即使与人相隔很近，也不会让人闻到什么异味。至少要买一把指甲刀，把指甲修剪干净。

可以说，是否整洁，是一个人形象是否成功的关键。

为了确保整洁，在离开家之前要对自己全身上下做仔细检查。

头发要干净，没有头皮屑，肩上没有头屑和落发；耳孔里也要干净，不能有分泌物，谨防耳孔外面有碎屑；口气清新、牙齿干净，没有食物残渣；鼻腔干净，

看不到鼻毛，没有鼻涕或别的东西充塞鼻孔；指甲干净、整齐，指甲缝里面没有污垢；女士的化妆要大方得体，化妆品要涂抹均匀，不留痕迹，男士的脸上不能有剃须时留下的泡沫。

外衣的纽扣必须齐全，并按照规定系好，不能有线头之类的东西露在外面。从外面看不见内衣、衬裙。衬衣领口、袖口没有污迹。袜子干净，没有抽丝。鞋子保持清洁，鞋跟没有磨破。拉链和鞋带都系得很规范，千万不要忽略这一点，假如在正式场合忘记系上鞋带或者没有把裤子上的拉链拉好，肯定会令你的形象大打折扣。

对于男士们来说，每天都应该刮胡子，注意定期理发，不要让脖子后面的头发翘起来，也不要披散在肩上。不管是外套还是内衣，都要勤洗常换，随时让自己的服饰保持一种干净、整齐、无皱褶的状态。如果穿西裤，一定要保证笔直的裤线。

鞋袜是不容忽视的，如果你身上干干净净，鞋袜却脏兮兮的，甚至发出异味，会让人觉得你是个"装模做样"的人。对于女士来说，还有一个小细节需要注意，就是腋毛的问题。女士在外人面前，露出腋毛会不雅观。

出门前，一定要把以上工作做好。如果出门之后才发现自己的修饰工作还有欠缺，那么千万不要在众目睽睽之下进行弥补，而应该找一个洗手间去做这些事。

手和指甲

19世纪英国学者亨利·弗因克指出："手部筋肉与嘴、眼等处的筋肉组织有明显区别，手比身体任何一个部位都更能反映一个人的意志。手与脸一样，最能标志一个人的气质、性格以及职业特征。可以说，手是人的第二张脸。"

在人的整体形象当中，手占有重要的地位。手是接触他人和物体最多、动作最多的部分，如果伸出的一双手很脏，并且皮肤干巴巴的，很粗糙，别人看了之后可能会觉得你经历了很多苦难。因此，我们必须学会对手进行保养。

古人常用"纤纤玉手"来形容女性的手，一双美丽的手，应该是细嫩、洁白、丰满、修长的。对男性来说，手指应该是粗壮、肌肉丰满、灵活有力的。不管是女士还是男士，一双令人愉快的手，皮肤应该是有光泽的、丰润的，不干燥、不粗糙、没有伤痕。这就要求我们平时经常用润手霜滋润双手，男士也不例外。

从卫生的角度来说，应当勤洗手，随时保持双手的清洁。餐前、便后、外出回来及接触各种物品后，都要及时洗手。有的人，尤其是学生，习惯于在手掌心做临时记录，比如电话号码之类，这个习惯非常不好，不仅弄脏了手，还会不小心碰脏其他物品。

有些人有咬指甲的习惯，这在人际交往中是非常失礼的。有的人总不修剪指甲，还不注意卫生，指甲缝里藏污纳垢，让人看着很不舒服。试想一下，如果你和对方握手的时候，或者对方在取烟、用筷的时候，指甲缝是黑色的，你会怎样看待他？

指甲要经常修剪，最好每周一次。修剪之后，要用锉刀将指甲边缘磨光滑，以免粗糙的边缘钩坏衣物。如果指甲并不长，但因为特别的原因而出现了污垢，可以用小刷子刷洗干净。千万不要用坚硬之物去挑、剔，因为这样不仅难以彻底清除污垢，还会导致指甲缝隙增大，脏东西更容易进去。

指甲的整洁是第一位的，男性做到这一点就可以，而女性则可能要考虑到指甲的美化问题。一般情况下，男性是不宜留长指甲的，男士的指甲要短而有光泽，不能涂指甲油，否则会让人觉得很奇怪。聪明的男士会定时修剪指甲，保证自己健康而阳刚的形象。

在指甲问题上，女性相对来说比较自由，可以留指甲、修指甲、涂指甲油。指甲油可以保护指甲、美化指甲，增添手部的魅力，但是一定要注意适当。尽管指甲油的颜色可根据个人的爱好自由选择，但也不能随心所欲。应该尽量选择那些与指甲颜色相近的颜色，它可以对指甲起到很好的修饰作用，而且不留痕迹，有一种浑然天成的感觉。透明无色的指甲油最为雅致，能够搭配各种色彩的服装，适合出席各种场合，对于年龄偏大的女士来说尤其如此。年轻的女士可以选择鲜艳一些的颜色，令自己的形象在专业之余尽显热情与活力。不过，指甲油的颜色要考虑与口红、服装相配套，形成整体的美感。指甲油的颜色不能太醒目，在职场与正式的场合就很不恰当。那种猩红色的或五彩缤纷的、超长的手指甲更是不合适，对于职业女性来说是不相配的。职业女性的指甲应该比较短，边缘呈椭圆形，涂着无色、淡色而滋润的指甲油。

注意胡须

出席正式场合时，一个胡须乱七八糟的男士，往往会给人留下邋遢、没礼貌的印象。当然，那些靠自己的创作赢得别人尊重的人除外，比如画家、音乐家、作家，他们留胡子是可以被人接受的，人们甚至认为，艺术家就应该留长胡子或长头发，这已经成了一种定式。对于艺术家来说，他们的价值体现在作品之中，而他们本人的面貌则是次要的。

相反，对于那些每天都要在别人面前展示自己专业形象的人来说，胡须的问题就必须加以注意，最好不要留胡子。有人可能想通过胡须来弥补自身形象的不足，实际上这一点很难做到，而且往往适得其反。假如你觉得自己必须留胡子的话，一定要请理发师将它修剪整齐，长度适中，有一定的造型。毋庸置疑，那种乱蓬蓬的胡子总能很快赶走别人对你的信任。

气味的重要性

身体有异味是令人反感的，因此最好每天洗头、洗澡，换内裤、衬衫和袜子，不要等到它已经臭不可闻了才想起来。假如有狐臭，一定要及时治疗。

假如你要连续工作很长时间，或是要出门旅行，那么一定要注意身体气味。如果你顾及到了这一点，并不会有人表扬你，他们甚至根本不会注意到；但是如果你不加考虑，周围的人就会注意到你的奇怪气味，对你产生反感。也许你曾经惹人反感，但你并不知道。

身体气味中最需要注意的，是口腔的气味。

护理自己的牙齿，本来是一件很简单的事情，然而有些人就是不注意。如果交谈之前，你突然看到了对方的牙缝里食物的残渣，你心里会怎么想？很难想象，一个有脏牙、蛀牙或缺了一颗门牙的人会有很好的仪表。如果这些还可以忍受，那么呼吸中有恶臭就不可原谅了。

有的人在与人交谈的时候总爱用手挡着嘴，大概是觉得自己嘴里发出的气味不大好。这样的人，最起码注意到了气味对自己比较重要。而有些人又吸烟又喝酒，烟味、酒味，加上鞋味、腋臭味……简直令人难以忍受，可他自己却意识不到。

口腔卫生是个人形象的重要内容，牙齿洁白、口气清新是一种美，是人际交往中所必需的。口腔异味会破坏交往的感觉，所以必须重视。口腔异味大部分是由口腔疾病或不注意口腔卫生引起的，也可能是因为内脏疾病（比如消化系统问题），应及早查明原因并治疗。

假如只是单纯性口臭，没有任何疾病，那么就要在口腔卫生方面多加注意。要定期到牙科诊所清洁牙齿，这样不仅可以保持牙齿健康，还可以控制口气。一定要坚持每日早晚刷牙两次，如有条件还可以坚持每天早、中、晚刷三次牙，以便随时去除口腔内的残渣。刷牙时一定要认真，顺着牙缝方向上下刷，并且至少要持续3分钟以上，否则难以达到洁齿的目的。吃完饭之后，最好用牙线来清洁牙齿，而不用牙签，因为牙线可以清洁得更彻底。多吃清淡食物，比如蔬菜、水果和粗糙的谷类，多喝水。每天早晨空腹饮一杯淡盐水，平时多用淡茶水漱口，可以达到清除口腔异味的目的。现在市面上有很多专门用来去除口腔异味的产品，比如漱口水、专用牙膏等，可以适量选用。临睡前最好能用刮舌器清洁一下舌头，因为舌头上面是细菌生长的地方。假如你没有专用的刮舌器，可以用一个小汤匙来代替，以保证自己身体的健康和口气的清新。

在参加重要活动以前，尽量避免吃洋葱、大蒜、韭菜、腐乳等让口腔发出刺鼻气味的东西。如果吃了味道强烈的食物，可以用漱口水除去一些臭味，也可以嚼一点茶叶、生芹菜、咖啡豆、红枣或花生，还可以用一片柠檬擦拭口腔内部和舌头，以帮助清除异味。还有一种方法就是嚼口香糖，但是这种方法并不像广告上说的那么见效。当然了，最好还是不吃味道刺激的食物，因为你即使暂时去除了口腔异味，可能还会打嗝。

与人交谈的时候，如果发现自己口臭，一定要注意闭嘴呼吸，以免让难闻的气味呼出来。还要注意同别人保持一定的距离，在不得不与人低声耳语的时候，应该用手遮挡一下，或者嚼口香糖。

第2节　皮肤的保养秘密

你是什么肤质

皮肤的清洁和保养离不开护肤用品，市场上此类用品种类繁多，更新换代非常迅速，让人眼花缭乱，在选择的时候一定要注意。首先，要根据你的皮肤类型选择适当的护肤品，万万不可盲目使用。

大致说来，我们的皮肤类型可以分为干性、油性和中性。各种有名的品牌里面都有针对某种皮肤类型的洁肤用品。所以，在选购前要弄清自己的皮肤类型。

你可以做一个简单的皮肤测试，晚上洗完脸，什么化妆品都不要用，起床的时候，用面巾纸擦自己的鼻翼，假如油很多，那你就是油性皮肤，没有油分那就是干性皮肤，不多不少就是中性皮肤。不过，这种方法会受到各种因素的影响，从而产生不同的结果，因此最好去专业的地方进行测试。需要注意的是，皮肤类型是可以改变的，随着年龄的增长，油性皮肤会逐渐变成干性皮肤。

干性皮肤看上去非常细腻，表面油脂少，毛孔也很小，粉刺之类的不容易生长，唯一的不足是皮肤缺少弹性，容易出现皱纹。这种类型的皮肤最好选用油性的、能起到滋养作用的洗面奶，尽量不要用香皂洗脸，因为香皂含碱比较多，会让皮肤变得更加干燥。洗完脸之后，要用油质的或保湿性较好的护肤品，与洗面奶同一品牌的是最理想的。

对于油性皮肤来说，无油的护肤用品是理想选择。就像干性皮肤需要补充油脂和水分一样，油性皮肤需要去除油脂。

中性皮肤是最理想的。油脂分泌不多不少，毛孔也比较小，皮肤表面光滑滋润。要注意的是，皮肤的类型会随着身体素质、年龄、环境等因素而发生变化，所以应该每隔一段时间测试一下。

护肤用品在使用之前，一定要试用，可以选择在胳膊上或耳朵后面，每隔8小时看一看有没有发生红肿、发痒和起疹子等过敏反应，如果24小时之后都没有出现什么不良反应，那么这种化妆品就是适合你的，可以使用。如果你是过敏性皮肤，而且很幸运地找到了适合自己的护肤用品，那么就不要随便更换。

你真的会洗脸吗？

清洁是个人礼仪的最基本要求，清洁皮肤是美化皮肤的第一步。可是，你会洗脸吗？

你一定觉得奇怪："哪有不会洗脸的人！"但是你真的洗干净了吗？恐怕这个问题就不太好回答。很多人都有这样的体验，本来在家里洗得挺干净的脸，在美容院又洗出不少灰色的东西。

洗脸最主要的目的是保持毛孔洁净，避免毛孔阻塞所造成的感染，减轻皮肤的负担。如果洗脸方法不恰当，就达不到这个目的，甚至会使皮肤受损。粉刺、黑头产生的原因之一，就是皮肤清洁得不够彻底。假如你在睡觉前没能好好清洁你的皮肤，毛孔就不会完全打开，晚霜就难以达到修复皮肤的目的，甚至还会堵塞毛孔。只有把脸清洗干净，皮肤才会有光泽，显得有生气，否则就会呈现一种灰暗的色调，显得死气沉沉的。

好的面容看上去润泽而光洁，细微之处都非常干净。天生好皮肤的人并不多，大部分人需要借助于后天的保养，而保养的第一步是正确地洗脸。

洗脸首先要"卸妆"。难道没有化妆也要卸妆吗？的确是这样。

只要出去，肯定就会有脏东西吸附在脸上，即使在屋里办公也难逃污垢，比如空调带进来的灰尘、打印机和复印纸的粉尘、电脑产生的电子污染等等。所以，不管你是否化妆，都要用专门的洁肤用品来洗脸，光用水是不行的。

一般情况下，每天至少要在早晚洗脸两次。洗脸水的温度最好保持在30度左右，这个温度可以让毛孔张开，清洁起来更方便。如果水温过高，会把皮肤内过多的油脂吸走，皮肤容易干燥；如果水太冷，毛孔就会闭合，里面的污垢和油脂不容易清除干净。记住要用温水，先把脸部润湿，其间还要不断用水拍脸。

洗脸之前，先要洗净双手，等到洁肤用品出现泡沫之后再轻轻涂抹脸部，用力一定要轻柔，不要过于用力，要不然会损伤皮肤，尤其是眼睛周围的肌肤非常娇嫩，最好用指腹按压，不要用力揉搓。洗脸的时候要按照从内往外、从下往上的顺序按摩。额头部分要从中间到两边，鼻子部位要采用圈式按摩。手指依次经过鼻翼、眼眶、上额至颧骨、下颌，再从颈部至左右耳根，如此反复多次。

记住，最好用手洗脸，这是最理想的洗脸工具，不仅不会对肌肤造成伤害，还能较好地清除面部污垢。有人习惯于用毛巾打上香皂或洗面奶使劲搓脸，这种方法是不可取的。

冲净洗面奶之后，还要用凉水再冲洗一遍，然后立即用干毛巾把水分吸走，假如任由水分自然蒸发，皮肤保护层的水分也会被带走，时间长了会使皮肤干燥缺水。

脸擦干之后，应该涂护肤品，并轻轻按摩，以保持皮肤的柔滑感。

假如你觉得普通的洗法已经难以令人满意，不妨试试用蒸汽熏蒸的方式。这种方式能让皮肤毛孔扩张、变软，从而把隐藏在毛孔中的污垢与油脂清洗出来，令肤质产生非常奇妙的变化。

面部皮肤的保养要注意内外结合，调理加保养同步进行。每个人都有自己的生物钟，我们的皮肤其实也有自己的作息时刻表。如果美容保养能与肌肤的作息时刻配合起来，肯定会达到很好的护理效果。

一般情况下，早上 6 点至 7 点，细胞的再生能力最弱，因此，早晨的皮肤保养应该侧重"保护"而不是"吸收"。要针对一天中皮肤所承受的压力做准备，比如灰尘、日晒等。首先要涂上化妆水，然后涂上合适的保护性强的防晒、保湿、滋润多效合一的日霜。在夏季或在强烈阳光照射下，一定要使用防晒产品。皱纹产生的第一因素就是阳光。另外，眼霜也非常重要，有的人早上起来眼睛容易浮肿，一定要用能增强眼部循环、收紧眼袋的眼霜。眼部的肌肤比较干，容易产生你的第一条皱纹。

下午 4 点至晚上 8 点最适宜到美容院做保养。晚上 8 点至 11 点最易出现过敏反应，所以不适宜做美容护理。

晚上 11 点至凌晨 5 点，是细胞生长和修复最活跃的阶段，细胞的分裂速度大大加快，皮肤对护肤品的吸收力较强。这段时间最好选用营养物质丰富的滋润晚霜，令保养效果发挥到最佳水平。临睡觉前一定要把白天的化妆品全部清洗干净，之后涂上营养性的晚霜，这样可以使皮肤在晚间得到足够营养。

要注意的是，你的每一寸肌肤都是需要保养的，尤其是裸露在外面的部分。洗完手之后要注意涂抹护手霜，每天临睡前要记得抹上润唇膏，平时还要注意保养颈部。人们常常忽略颈部的美容，其实，这是人体最容易显现年龄的部位，一定要格外注意。

皮肤的护理要注意科学性，采用积极美容法，不能光靠护肤用品。注意合理的饮食，多喝水，多吃水果和新鲜蔬菜，令皮肤保持足够的水分和营养。饮食要多样化，不能挑食，对于干性皮肤来说，应该多吃含维生素 A 及油脂较多的食物，比如胡萝卜、坚果、水果等；油性皮肤则要少吃动物脂肪和甜食，高糖、高脂、辛辣、煎炸食物要少吃或者不吃。

平时一定要保持良好的精神状态，因为情绪会引起内分泌的变化，从而影响气色和皮肤。还要保证充足的睡眠，这有助于皮肤的新陈代谢，使面容富有光泽。多做运动，可以促进表皮细胞的繁殖，加强皮肤对护肤品的吸收能力。

第 3 节　有效化妆

美国最杰出的 10 名女企业家之一——艾斯黛·劳德，以其女性的敏锐和聪明才智创造了以自己名字命名的化妆品品牌，风靡欧美市场，她也被尊为"化妆女王"。她的名言是："世界上没有丑陋的女人，只有因为不注意修饰而显不出美丽的女人。"她认为，每个女人都是潜在的美人，差别在于你能否发掘自己的闪光之处，将它凸显出来；同时，适当掩饰自己的不足。

化妆是一门很深的学问。对于普通女性来说，至少要注意以下几点。

化妆色要与皮肤、衣服颜色相适应

假如你穿的是粉红色、蓝色、紫色、蓝绿色、银色、霓红色的衣服，那么口红、唇线笔、眼影、胭脂和指甲油要选用与之相对应的粉红系列。假如你穿橘红色、咖啡色、绿色、黄色的衣服，就要选用相应的橘红系列化妆品。纯红色、灰色、白色、黑色、深蓝色、深绿色、深咖啡色等都是中性颜色，可以配任何中性颜色的化妆品。假如衣服是古铜色、金色、银色这些高光色，那么任何颜色的化妆品都会令你的容貌得以完美展现。

如果衣服不是单色的怎么搭配呢？

方法也很简单。假如穿的是深深浅浅的红色搭配的服饰，那么就找出那个最深、最耀眼的红色，配之以相应色彩的口红；假如衣服的颜色非常多，就找出那种最突出的色调，或是与皮肤最接近的颜色，之后配之以相应色彩的口红。根据口红的颜色和衣服的主色调，再搭配其他化妆品。

桃红和霓红都比较特别，桃红半粉半橘，属于中性的红。胭脂、口红搭配时要用粉红和橘红的混合色。霓红色服饰必须搭配霓红系列的化妆品。

以上说的都是正式场合的化妆与着装的搭配，至于休闲时间，或是旅游外出的时候，由于服装都是比较轻便的，化妆上也以清淡为宜，甚至不化妆。在这种时候，应该追求的是清爽的品位、洒脱的形象。

嘴唇和口红

在为唇部化妆之前，首先要注意的是唇部的保养，要使之显出润泽的状态。润唇膏可以达到这种效果，并且各个季节都可以使用，尤其临睡之前效果更佳，可以避免水分流失，达到润唇的最好效果。

之后要做的就是选择口红。通常来说，女人必须有几种不同颜色的口红，以便搭配不同颜色的服装。如穿大红色衣服或配了大红色饰物，口红就可以采用大红色，并且要完全相同才好；如果是蓝色和紫罗兰色的衣服，口红就可以选择略微泛紫的淡粉红色；如果穿米色和黄色的衣服，口红就要选择橙红色……这样才能达到完美的整体效果，塑造出有魅力、有品位的职业女性形象。

总的看来，颜色非常深的口红是不受欢迎的；有些太有个性的口红，像黑色、灰色、绿色等等，不大适合黄色皮肤，最好不用；那些与我们的自然肤色相差太远的颜色最好也不要选择。应该选择那些能令自己的皮肤显得年轻一些、白一些的颜色，选购口红的时候，你可以把一种颜色的口红抹在左半边脸的上下嘴唇上，另一种颜色的口红抹在另一半，之后用面巾纸遮住一半。最能使你显得皮肤白嫩、明眸皓齿的那种口红，就是与你最相配的了！

选好了口红的颜色，就要注意画的方法了。千万不要小看唇线笔的作用，它能帮助你修改唇部的微瑕。如果上唇有一些薄，利用唇线笔就能令它显得丰满点，下唇亦然。画出来的唇线一定要精细，所以笔尖要削尖。画好之后，左右两边应该是对称的，上下唇的厚度也要大体一致。唇线笔的颜色要比口红深一点，双唇颜色最淡的部分是高光色，它的作用是给唇部增加立体感，增加魅力。

眼部的美化

亚洲女性眼睛普遍比较小，而且稍向外突出，在对眼部进行美化时要考虑这些因素，尽量用各种美化方法来扬长避短。

眼线可以使眼睛显得大一些。应该选用黑色或深棕色的眼线液或眼线笔，画的技巧很重要，必须紧贴着睫毛的根部，否则就会出现相反的效果。

睫毛膏和眼线一样，如果使用恰当，也可以使眼睛显得大一些。在正常情况下，只能使用黑色睫毛膏。

对亚洲女性稍稍鼓起的眼睛来说，眼影的颜色是非常重要的。一定要根据自身的特点来选择颜色。对大部分女性来说，只需要三种基本颜色的眼影，它们是白色、浅咖啡色、深咖啡色。只要方法恰当，一定能令你的眼睛、眉毛、鼻子更完美，为你的整体容貌增添光彩！

化妆的最高境界是自然

现在，女性化妆已经非常普遍，化妆能起到画龙点睛的作用，大家都想通过化妆来弥补容貌的不足，使自己的整体形象得以提升。

事实上，化妆的确可以起到这样的作用。一方面，化妆用品可以使一个人的容貌得以扬长避短，但这只是次要的一个方面；另一方面，化妆可以激发一个人的自信心，使人的精神面貌焕然一新，显得更有青春的活力和光彩。

在现代生活中，化妆也体现了对自己和别人的尊重。很多大企业，尤其是外企，要求女性员工化妆上岗，目的就是要塑造良好的企业形象。因为客户同职员的接触是最多的，职员的整体形象就体现了企业的文化，同时也能让客户感受到一种尊重。

对于现代女性来说，化妆是一门必须学会的生存技能。但是并非所有人都懂得怎样化妆，有的女性只是把各种颜色在脸上的各个部位涂抹一遍，以为这样就能达到目的，可是效果却有可能适得其反。

化妆并不是简简单单的涂脂抹粉，可以说它是一种艺术。

一位资深的化妆师曾经说过："化妆的最高境界可以用两个字形容，那就是'自然'。"这句话的意思是说，经过最高明的化妆之后，面部看起来应该是没有化妆，并且同主人的身份还非常相衬。这种化妆是不留痕迹的，可以在非常自然的状态下把一个人的气质表现出来；而稍差一点的化妆术，会让这个人变得非常引人注目，很突出；最低级的化妆，会让人一看就知道脸上涂抹了很厚的脂粉，犹如戴了面具，躲在后面的人想隐藏自己难以示人的脸面，所以才用这拙劣的化妆术把自己"美化"一番。

真正高明的化妆，并不是为了掩藏自己的真面目，也不是为了让自己变得非常醒目，而是要塑造出一种明朗、自然而又不失个性的形象。

化妆要想做到自然，必须具备正确的技巧，还要有合适的化妆品。在化妆过程中，必须认真细致，层层推进，注意各个部位色彩的搭配，浓淡要适度，注重整体感，要避免人工修饰的痕迹，尽量达到"似有似无"的效果，就好像这个人本来就是这样。寓化妆于无形之中，这才是真正的魅力与品位。

要想达到这种程度，一定要先认清自己，弄明白自己的年龄、身份、环境、个性等等，以便确定自己应该塑造什么样的形象。人的脸型千差万别，各有各的特点，化妆时要注意突出脸上自然的优势，掩盖不足。要做到扬长避短、全身协调，不能仅局限于脸部，还必须注意与发型、服装、饰物的协调。

化妆不可能是一成不变的，要根据不同的情况变换化妆手段和化妆品。化妆与追求个性并不矛盾，但必须遵循一定的规则，不能我行我素。职业人士在这方面更要注意，总的说来，职业人士的化妆应该体现一种端庄的气质。在具体风格上，要区别对待白天和晚上、一般场合和特殊场合，还有季节因素等等，这样不仅能使化妆者的内心保持平衡，周围的人也会觉得比较适应。

在休闲场合，应该化淡妆，甚至根本不化妆，即使画口红也以清淡为宜。朴素大方、自然典雅是最好的，浓妆艳抹会让你失去亲和力。如果非要化妆，那么妆后的脸应该是生动、真实、具有生命力的，而非一张呆板生硬的面具。如果化妆失去了自然的美感，就会显得很假，在休闲场合更是如此。

某些工作场合必须化妆，不过也以淡妆为宜，力求简约、清丽、素雅。如果浓妆艳抹，就容易让人觉得轻浮，与严肃紧张的工作气氛不协调。只有淡化职业人士的性别差异，才能令自己与所接触的人把精力都集中在工作上。

在宴会、舞会、鸡尾酒会上，化妆可以浓一些、亮丽一些。在这样的场合，不化妆是不礼貌的。而在另外一些场合，比如追悼会，一定要素衣淡妆，鲜艳的红色妆是绝对禁止的。

化妆一定要提前在恰当的地方完成。尽量不要在众目睽睽之下化妆和补妆。要补妆的话，应尽量避开众人，去化妆间、洗手间或其他什么地方，千万不要旁若无人地当众补妆。

化妆的确能改变一个人的形象，但所能改变的只是很表层的东西，是形象的最后一步。真正美好的形象是从内而外的，由体质到生活方式到修养都要进行修炼才行。比如睡眠要充足，营养要保证，经常锻炼身体，这样一来，肤质从内到外得以改善，效果比化妆更好。再进一步说，气质的改变是美好形象的精髓，这是任何化妆术都难以企及的。内在修养的提高、生活态度的转变、言行举止的变化，可以使你真正光彩照人，与此相比，在脸上涂脂抹粉进行的修饰就太微不足道了。

男士美容

在传统观念里面，男人的皮肤是不需要保养的。这种观念是错的。男士要想显得庄重、文雅和有朝气，就必须有一个干净而有品位的外部形象。不过，男士美容应当适可而止，注意每天修面剃须，保持整洁大方的形象即可，这样既自然又能体现阳刚之气。油头粉面、过于雕琢是不好的。

男士也要时刻保持面部的清爽，汗渍、油污、糟鼻头、青春痘、粉刺是要尽力避免的。所以要经常洗脸，出汗或者外出回来之后，要马上把脸洗干净。

男士洗脸也要注意面部清洁剂的选择，同女性一样，也要按照皮肤的干性、中性、油性分类来选用适合于自己的产品。很多男性习惯用洗澡的香皂洗脸，这对脸部皮肤是有伤害的。市场上有很多专为男士准备的护肤品，像洗面皂、洗面奶、爽肤水、润肤乳等，都可以起到护肤和清洁的作用，不过作用有差别，一定要分辨清楚。专用洗面皂与洗澡用的香皂不同，既有清洁成分又有保湿成分，有的还含有维生素和矿物质，更适合脸部皮肤。洗面奶也一样，一方面可以清洁，另一方面还可以保湿。爽肤水是用来平衡皮肤酸碱值的，既可以防止皮屑产生，还能起到消炎作用，比如刮胡子之后的红肿就可以用它来解决。使用润肤乳也要注意，因为有的润肤乳含油比较多，会加重出油、长粉刺，所以最好不要选择。假如你经常外出，所选用的润肤乳一定要有防晒成分，可以保护皮肤不受日光的侵害，过度日晒会导致皮肤老化或出现黑斑，进而影响自身形象。

冬季晚上临睡前，最好使用面霜，可以让皮肤在夜晚得到调养、恢复。

第4节　好形象从头发开始

头发的护理

发型是我们的形象中最重要的因素之一。头发是人体的制高点，是别人首先要关注的地方。

头发应该保持健康、干净、整齐，这是对个人形象最基本的要求。

一个人的头发往往能反映很多问题，包括健康状况、生活水平及卫生习惯，甚至可以反映出审美水平、个人修养、受教育的程度以及生活态度。健康、清爽的发质配以大方的发型，能给人留下朝气蓬勃的良好印象，使人乐于亲近；而蓬头垢面的形象则会令人轻视和厌恶，被人排斥。

保养头发的第一步是清洗。头发暴露于身体外，毛囊油脂分泌物不断积累，每天还要落入许多灰尘，若不勤洗，特别容易油、容易脏。灰尘污垢会逐渐堵塞毛孔，甚至会造成毛囊发炎、脱发，也就是常见的脂溢性脱发。如果一个人穿着笔挺的深蓝色西装，可是肩背上却粘有散落的头发和白花花的头皮屑，别人会怎样看他？

要想让头发清爽、健康，一定要及时清洗。应该坚持每天洗头，只要洗发用品质量可靠，并与发质相符，是可以天天洗的，绝对有益无害。头发像皮肤一样，一般分为干性、中性、油性，洗发液也以此分为不同的类型，你应该选用适合自己发质的，并且洗发与护发要分开。如果每天洗完之后都要吹头发或头发很厚很粗，那么一定要用护发素，这样你就可以拥有一头蓬松亮泽的头发。

洗发前，最好先把头发梳理一下，去掉那些脱落的头发。洗的过程中洗发液不可用得过多，适量即可，然后用十指轻轻按摩头皮，再轻轻搔抓，以促进血液循环，既可除去污垢也有助于头发生长。不要用洗发刷或梳子洗，以免损伤头发。

洗发时水温要适宜，40℃左右是最合适的，太烫会使头发受伤，太凉了头皮血管会收缩，不容易清洗干净。最后的冲洗一定要彻底，洗完之后，要先用毛巾擦净，再任其自然风干。不要在头发没干的时候就着急梳理，否则容易脱发。电吹风温度不能过高，否则头发会变黄，并且失去光泽。

如果有条件，洗的时候要注意水质，含酸或碱过多的水都是不适合洗发的。曾经有一些经济条件好的女士用矿泉水洗头，但效果并不好。矿泉水中的酸或碱往往过多，是不利于头发的。

平时要注意头发的保养，应该经常梳理，以促进头部的血液循环，并使头发受到拉力的刺激，促进头发生长。可以说，梳头是头发的一种"运动"。梳头的时候尽量不要用塑料梳子，木梳或角梳最好。塑料梳子容易起静电，会破坏头发的组织。梳理头发时，不要用力过猛，动作要轻柔，避免拉断发丝。长发应从发梢梳起，逐渐向上，直至发根。

还可以经常用手指轻揉发根，这样可以促进头发生长、减缓头发变白。阳光强烈的时候要注意遮光，过度的日晒容易让头发变得又干又黄。游泳要戴游泳帽，游泳后头发要冲洗干净，尤其是在海中游泳后。

保养头发还要注意饮食。蛋白质、碘和维生素 B 等对头发很有益处，所以要多吃动物肝脏、蛋黄、黑豆、黑芝麻、核桃等食物。这样，头发会变得富有弹性和光泽。而盐、脂肪、辛辣食物对头发的健康不利，少吃为好。

良好的精神状态对身体健康是很重要的，对头发的保养也大有益处。心情愉快、生活有规律，头发就会更加润泽；反之，如果精神状态不好、失眠多梦、情绪不佳，头发就会失去应有的光泽，变得灰暗，容易出现脱发现象。

烫发和染发

烫发可以美化发型，但不可过频，否则会影响发质，使头发干枯、失去光泽。因为烫发水是由强碱性化学药品做成的，对头发、头皮和毛囊都有损害，无论多高档的烫发水都不例外。尤其是在高温吹烫且过于频繁的情况下，很容易导致头发细胞坏死，发质会变得脆弱，容易断折或脱落，头屑增多，头发的颜色会逐渐变成棕色，而且越来越稀疏。

染发亦应慎重。现在流行染发，染发液的颜色和焗染的方法花样翻新，有染成褐色的，有染成黄色的，也有仅仅把局部染色的……如果染得恰到好处，的确能为自己增添光彩；但那些染得不伦不类的，则会令整体形象大打折扣。

无论在中国还是在西方，美容的最高境界都是"自然"。每个民族都有自然的肤色、自然的发色以及自然的眼睛颜色，这是自然的美。东方人天生直发，又黑又亮，具有一种独特的美，用不着盲目仿效西方人。你可以把头发染成金黄色，但是你的皮肤很难像白种人那样白，你的五官也没有深陷的眼窝、蓝色的眼睛和高高的鼻梁。再鲜艳的黄头发也会让人觉得不伦不类，根本谈不上美感。对于黄皮肤而言，黑而亮的头发最容易使面孔显得健康、干净、白皙，所以应该尽量少染头发，最好不染。

况且，染发药水会对头发造成伤害，使头发变脆，而且可能引起皮肤过敏，甚至使有害物质进入人体，造成危害。按照国际机构的说法，染发剂中不可缺少的成分是铅，而大剂量的铅会诱发癌变。近几年，已经出现了多起因染发而造成的医疗纠纷，值得年轻人关注。

这几年的中国，有一种新的潮流，虽然不像染发那么引人注目，但是也蔚为大观，那就是黑发、直发的流行。这样的发型既能保护发质，又能使人显得更精神。自然、生动的发型已经逐渐取代了用摩丝、发胶之类固定出来的发型，成为人们的新追求。理发师运用娴熟的修、剪功夫，不仅可以去掉多余的头发，还能使头发充满层次感，让头发长得更好。

头发需要经常修剪，尤其是男士和留短发的女士，每月至少要修剪一次，这样才能让发脚线保持整齐，给人以整洁、严谨的感觉。留长发的女士可以稍长时间理一次发，以便把那些枯黄、开叉的发梢剪掉，保持头发的美观。

发型、职业特征与个性

发型对人的容貌有极强的修饰作用，甚至有可能"改变"人的容貌。美观的发型能给人一种整洁、庄重、洒脱、文雅和活泼的感觉，同时又能展示个性、特色，对一个人的整体形象会产生很大影响。

实际上，发型本身并没有美丑之分，关键是发型是否与人的整体形象相协调。

对于职场人士来说，选择发型的基本原则是"简洁"，简洁的就是美的。发型的样式很多，要想让自己显得精明强干，在选择发型时就要谨记"自然、大方、整洁、美观"的原则，即修饰之后的头发必须以庄重、简约、典雅为主导风格。不管是男士还是女士，如果所从事的行业比较传统，那么在发型方面就必须传统。头发以中等长度为宜，太长太短都是不够专业的。男士的发型要能露出额头和耳朵，后面的头发不能挨到衣领；女士头发的长度不宜超过肩部，假如是长发，一定要梳起来，任何形式的披散都是不专业的。

要注意发型，但是不要把过多的时间和精力花在美发上，至少不要让人看出来。慎用发卡、发带、发胶等，不要在头上滥加装饰物，如果头发上的装饰与点缀过于醒目，效果往往适得其反。花哨的发型会分散他人的注意力，使人无法全神贯注于你的工作和言行，从而影响你与他人的交流，破坏你的职业形象。专业人士的发型还是干净利索为好，别人从中感受到的应该是你对工作的热情，而非其他。

发型要力求简洁大方，但仅仅如此是不够的。要想让发型与自己的整体形象保持一致，还要考虑到个性因素。要根据自己的形体、性格、气质，选择最适合自己的发型，以达到扬长避短的目的。

心理学家曾经做过一个关于发型的研究，得出了一系列结论：

凡是发型总走在流行风潮前列的人，对环境的变化适应得比较快，对于时尚非常敏感；凡是尾随潮流而动，发型变换得比较频繁的人，往往性格不大稳定，这种人很善变，遇事缺乏主见、举棋不定，容易轻信他人、受他人的鼓动，很少执着于自己的意志，假如是女性，大多脾气好而又为人率真。

对于男士来说，长头发代表着艺术、审美、浪漫，代表了不拘礼节的生活模式。中等长度的头发代表着踏实、认真、有条不紊与果断，往往给人一种办事爽快、通情达理的感觉，与人合作的时候容易取得他人的信任。平头的男士、短发的女士会令人产生很强势的感觉，因为短头发代表着充沛的精力、较好的体力。不过，假如头发过短的话，意义就会发生变化，比如光头，除了能起到喜剧效果、宣传效果以外，一般被认为具有较强的攻击欲；同时，过短的头发往往暗示着一个人的不成熟，难以承担生活中应当承担的义务。

由以上结论可以看出，发型与人的性格是密切相关的。一般情况下我们的感觉是，长发飘飘的少女都很温柔雅致，短发的必定活泼好动；发型守旧的人，性格必定保守，发型很新潮的人往往具有创新精神……

如果你能够准确判断自己的性格，了解自己的强项和弱点，清楚地知道自己所处的环境、奋斗的目标，那么在选择发型的时候就要多方面考虑，既要适应职业要求，又要带有自己的个性特征。简单地说，你想留给别人什么样的形象，就选择什么样的发型。

怎样才能找到属于自己的最佳发型呢？

首先，发型应与年龄相协调。年轻女性比较适合那些活泼的、开放的、简单而又富有青春活力的发型。比如短发，不仅显得活泼、伶俐，还能体现青年人的朝气蓬勃；长发显得飘逸、俊美，但是身材、脸型和性格也需要考虑进去。

中年女性的气质相对来说比较稳重，不大适合留长发，因为那会让她们的年龄显得更大。最适宜的发型是短发或盘髻发式，不仅会显得年轻一些，还能给人带来一种既精神又亲切的印象。

对于男性来说，中年与青年比较适合留分头和短平头。分头会令你显出一种俊朗与雅致的气质，而短平头则会令你显出一种稳健、豁达与自信的气质。

最能令老年男性风度翩翩的发型是后梳头或者说背头，就是把头顶与两边的头发都向后梳去，这样的发型能让人感到一种沉稳、成熟的气质。

发型应与脸型相配

任何一种脸型都有其特殊的发型要求，恰当的发型可以突出脸型上的优点，遮盖不足之处。

脸型可以大致分为瓜子脸、四方脸、长脸、圆脸和梨型脸。瓜子型脸的人是最幸运的，这是东方女性的标准脸型，又称"美人脸"。这种脸型选择发型的余地最大，差不多任何发型都适合他们，很容易装扮。不过，这种脸型容易显得消瘦，其补救方法是把头发散下来，这样可以使脸部看上去丰满一点。

长脸型比较适合刘海式的发型，不仅能遮住额头，还能加大两侧头发的厚度，

使脸部显得丰满些（见图7-1）。另外，这种发型
还能突出眼睛，使人显得更机灵。需要注意的是，
这种发型在头顶部分不能太厚，否则会增加脸的长
度。如果不但脸长，而且下巴较方，那么可以留些
鬓发。一般说来，长脸型的人不要留平直、中间分
缝的头发，也不宜留太短的头发，或全部头发梳往
脑后。

图 7-1

许多中国人是四方脸型，面部下方较宽。这种
脸型显得比较刚毅、果断，但少了一些柔和感。这
种脸型的女士要尽量通过发型把棱角盖住，使之不
那么明显。无论男女，这种脸型的人头发不要剪太
短或太平直，中分的发型也会令脸型显得更方。可
以让头发尽量散落下来，两鬓自然下垂，增加脸部
的柔和感。头顶的头发要蓬松一些、高一些，使脸
变得稍长，刘海要向两侧分开，造成鹅蛋脸的感觉。
女性可以将头发卷成波浪形，自然地贴在脸盘两侧，
这样可以使脸部更柔和（见图7-2）。

图 7-2

圆形脸是一种可爱的脸型，看起来显得比实际
年龄年轻，但不足之处在于缺乏立体感。这种脸型
的男性，发脚要留得高一些，顶发要做出一种上卷
或自然蓬松的状态，使头发向上高起。圆脸型的人
应该想办法使脸部看起来长一些，两颊窄一些，所
以要把额头露出来。女士的发型也应该想办法把圆
的部分盖住，尽量选择线条简洁的发型，最好是一
样长度的头发，将头顶的头发梳高，并设法遮住双
颊以"减少"脸部的宽度（见图7-3）。千万不要
分层剪头发，因为它贴在脸上会使脸部显得更圆，
也不要在中间分缝。假如前额很好看，就更应该把
头发梳起来，让别人看到额头，这样能使脸看上去

图 7-3

更有鹅蛋脸的感觉。

有一位著名的发型设计师说过，假如你想让自己看起来更开朗，那么就应该将头发往上梳，露出自己的额头。

图 7-4

梨形脸的基本特征是额头有些窄，下颌比较宽，像个稳稳坐在桌子上的梨，给人一种心广体胖、亲切随和的感觉。这种脸型的人要尽量用头发盖住脸下端宽出的部分，发型首推顶部平、两边宽的短发，这种发型能让腮帮的线条显得比较柔和，额头两侧头发加厚一些效果更好（见图 7-4）。不过要注意，这种发型不能在中间分缝，也不要剪太短。女士要有一些刘海，可以遮住一部分脸庞。

不管哪种脸型，选择发型的关键就是扬长避短、取长补短：要让长脸显得短一点，让圆脸显得不那么圆，让方脸和扁脸显得长一点……其基准是一个鹅蛋形的头部形象。

发型要与体型协调

头部是人体的一部分，发型的选择得当与否，会对人的整体美产生影响。所以，发型还应与人的体型相配。

对于身材匀称、脸部丰满的人来说，在发型方面不用太费心思，几乎哪一种发型都适合这种体型的人。

脖颈粗短的男性，适宜选择高而短的发型。女性如果脖颈粗短，就应该尽量留长头发，甚至披到肩膀，最好能把头发放到前面，任意一侧都可以，这样可以掩饰脖子的缺点。

如果女性脖颈细长，那么齐颈搭肩、舒展或外翘的发型是比较适合的。

体形瘦高的人，适宜留长发，两侧的头发不要太紧，应该蓬松一些；女性注意不要留高发髻或过短的头发。

体形矮胖者，不宜采用长发或中等长度的发型，而是应该选择有层次的短发，这样可以使脸孔显得小一些、活泼一些，身材也显得高一些。如果是女性，最好不要留长发，也不要把头发盘起来，露出脖子，否则会显得更矮小。

对于男性来说，如果你不是搞艺术的，而是公司职员，那么千万不要留长发，否则会被认为修养不高、气质不雅。这样的发型会影响你的工作成绩。试想，有哪个领导愿意这种形象的男人在自己面前晃来晃去呢？有哪个领导会带着这样的下属去参加重要的商务会议呢？

发型本身并无美丑之分，关键在于，要与脸型、体型、气质以及工作性质相符合。对于职场人士来说，发型一定要尽量体现出简洁干练的风度。

第 5 节　最美的表情是笑容

表情与气质

一次，记者去拜访一位金融界的巨头。时间是提前预约的，可是等了很久也不见那位先生从会议室出来。过了一会儿，秘书走过来说，希望记者能再等 5 分钟。5 分钟之后，那个人终于来了，并且一见面就表示歉意："和你见面之前我开了几个很重要的会，脸上的肌肉都僵住了，由于担心同你见面的时候表情还是很严肃，让你对我产生不好的印象，所以我就休整了一下，调整一下情绪。让你久等了，真是不好意思！"

注意到这位金融巨头的观点了吗？其实，故事本身并不重要，重要的是他对面部表情的看法。

在信息传递的过程中，面部表情是第一重要的。人们第一眼看到的就是你的脸，而且几乎同时便会产生对你的判断——是喜欢还是不喜欢，信任还是不信任，等等。表情不仅能反映一个人的心理状态，还能透露出这个人的性格与气质。表情所反映的人们的思想、情感及心理变化，是真实可信的，所以，人们总是通过你的表情，而非你说出的话来评断你。如果你的表情是令人愉快的，那么别人就会觉得你是一个有头脑、有能力、可信任的人，便愿意与你合作；反之则会疏远你。因此，如果你想给初次见面的人留下一个好印象，就应该像前文中所讲的那个金融巨头一样，注意一下自己的情绪和表情。如果你是一个胸怀大志的人，就更要牢记：你的面部表情对你的成功是有影响的。

一般人在约会之前，或是与重要人物见面，往往要照镜子整理一番，可惜大部分人只是检查一下领带正不正、头发乱不乱、衣服是否平整等等，能顺便把面部表情"整理"一下的人并不多。

我们往往忽略自己的表情，所以——你可能不相信——我们对自己的脸并不是很熟悉。当我们觉得自己表现得精力很集中的时候，在别人眼中却是紧皱着眉头；有时尽管自己觉得笑得很灿烂，可是在别人看来，只不过是微笑罢了；当你严肃地皱紧眉头的时候，别人眼中的你，可能是消极的、忧心忡忡的……如果我们长期地忽略自己的表情，那么这种习惯性的表情——以及表情背后的心态——就会给容貌打下深深的烙印。

曾有人说："一个人应该为30岁以后的容貌负责。"也就是说，容貌并不完全是天生的，后天的修养、阅历、心态也会影响容貌。

人的外在形象是内心世界的写照。容貌、气质会随着性格、修养、阅历、身份的变化而变化，因为其心态发生变化之后，会有意无意地流露在脸上。简单打个比方，如果一个人总是笑口常开，那么嘴角肌肉就会习惯性地上翘；如果一个人总是愁眉苦脸，那么嘴角就会习惯性地下拉，眉头就会紧锁，而且容易出现皱纹。所以，我们可以根据一个人的脸部特征来把握其性格，并根据性格推断其未来，这也就是相面术的秘密。

所谓"好面相"的人，不仅五官的形状、搭配比较和谐，而且整个面部表情给人的感觉是慈爱、宽容、开朗的，让人觉得容易亲近。这样的人大家都愿意与之合作，做起事情来会比较顺利，所以就会比较"幸运"。

那些表情令人不舒服的人，皱着眉头、肌肉僵硬、神情沮丧，别人在看到他时所感到的就是痛苦、紧张、信心不足，甚至是内心的焦虑与不安。这些感觉是令人难受的，谁愿意与这样的人接触呢？

在我们的工作和生活中，表情总是令人愉快的人并不多。第一个原因是心态不够乐观积极，这也是大部分人不能获得成功的重要原因；第二个原因，就是不善于控制自己的表情，所有的喜怒哀乐都表现在脸上。如果你想令人愉快，树立一个有魅力的职业形象，就必须学会有意识地控制自己的表情。

具体而言,与人面对面进行交流的时候,应该微笑,双眼要看着对方,适度互动,态度适中,不能表现得过于亲热,也不能过于冷漠。愤怒、沮丧、无奈等表情,会使你显得软弱无能,让对方一下子看透你,这在职场中是非常不利的。如果你想把内心活动隐藏起来,也绝非难事,只要让自己保持一种无表情的状态就可以。

你的笑容价值百万

已故的美国钢铁大王安德鲁·卡耐基,是当时世界上最富有的人之一。他在聘任公司的总经理时,看上的是一个钢铁行业的门外汉——38岁的查尔斯·施瓦布。当问到原因的时候,卡耐基说,查尔斯·施瓦布与人交往的能力非常强,最为突出的特点就是他那魅力十足的微笑,同他打交道的人都会被他的微笑所折服,进而折服于他的性格魅力和工作能力。

后来,查尔斯·施瓦布离开了钢铁公司,成为美国的金融巨头。有人问起他成为富豪的奥秘,斯瓦布幽默地回答道:"我的笑容价值百万!"

真诚的微笑能拉近人与人之间的距离。正如人们常说的"镜子效应",当你对着镜子愁眉不展的时候,镜子里的人也会眉头紧锁;你冲着镜子笑得很灿烂,镜中的人也会笑容满面。假如你遇到的人总是很严肃,整天都难得有一个笑容,跟你交流的时候总是板着一张脸,那么你心里肯定会不舒服;反之,假如对方总是面带微笑,你肯定会觉得彼此的距离被拉近了,愿意与之合作。

如果你想得到别人的喜爱、尊重、肯定,那么微笑是你唯一的选择。有一位公司老总说:"与面无表情的博士相比,我们更欢迎一位面带微笑的本科生。"

微笑是一种健康文明的举止,是人间最美的表情。俗话说得好:"笑一笑,十年少。"我们的脸部肌肉有44块,大约能产生7000种不同的表情,而微笑能让至少3块主要的肌肉群活跃起来,使得脸部的血液循环加快,从而使整个面孔焕发出生机和神采。有关研究人员发现,不管你是真的笑还是装出来的,对于身体来说效果都差不多。

当你笑的时候,心跳会稍稍加快,如同你做有氧运动所达到的效果。有的医生认为,每笑100下就相当于做10分钟有氧运动,能够增强人体的免疫力。这就是为什么经常笑的人身体会比较健康。一份研究报告指出:"大学毕业照上笑容灿烂的那些人，在今后的人生中生病的比例比不笑的人小。"

更为重要的是，微笑犹如一支兴奋剂，能让拥有它的人更富魅力。微笑不仅是对自己喉头和食道的锻炼，而且能令你的声音变得更圆润、更沉稳。这种嗓音能使人感到一种权威感，或是产生如沐春风的感觉，从而更愿意倾听你在说什么，并积极地与你配合。

微笑可以拉近人与人之间的关系，也可以化解矛盾，去除交往中的障碍。

在一次重要的谈判中，甲乙双方为了自己的利益针锋相对、互不相让，结果僵住了。就在气氛非常紧张的时刻，甲方代表面含微笑地讲了一个小故事。一天，路上浓雾弥漫，汽车都走得非常慢。谁知，一辆车猛地停住了，后面的车没有准备，撞在了前车的屁股上。后面的司机跳下来大骂："这么大的雾，怎么能紧急刹车？"对方却不慌不忙地说："兄弟，你看，你都跟着开进我的车库了，赶紧倒回去吧！"

谈判双方听到这里都忍不住笑了起来，气氛一下子就缓和了。最后，双方都稍稍退让了一步，愉快地达成了协议。

在现实生活和工作中，充满了各种各样的矛盾冲突，如果横眉立目、剑拔弩张，最后很可能两败俱伤；相反，如果放松心态，微笑着对待他人，往往可以取得意想不到的效果。

有一家证券公司的负责人性情暴躁，待人苛刻，下属不喜欢他，客户也不愿意过多与他的公司合作。眼看公司经营每况愈下，他走投无路，到咨询公司请教经营的方法。结果，对方只对他说了两个字——微笑。他照办起来非常认真，不管什么时候、什么地方，不管面对的是客户还是职员，都带着真诚的微笑，就像变了一个人一样。在他的带动之下，公司上上下下都开始变化，大家的心情越来越轻松，合作越来越愉快，很快公司就出现了转机。

看，正是由于缺少微笑，他不能赢得周围人的喜爱、尊重，从而影响了公司效益；也正是由于他开始微笑，周围的人才开始喜欢他，帮他渡过了难关。

微笑吧！它代表了你对他人的友善和尊重，证明你内心的温暖和胸襟的开阔。微笑是人际关系的润滑剂，是最积极的社交武器，也是塑造大将风范的关键。

如何拥有迷人的微笑

康拉德是世界著名的希尔顿饭店的创始人，他曾经说过："假如我的饭店里只有高质量的客房，却没有高质量的微笑服务，那会是什么样子呢？对于一个永远看不到阳光的地方，谁又能产生喜爱与留恋呢？"像康拉德一样，很多大公司选择员工的一个重要条件，就是要拥有迷人的微笑。

有人会说，微笑谁不会呢？其实，微笑并不是每个人与生俱来的，对很多人来说，微笑需要练习。通常我们会认为，拥有愉快的表情并不难，实际上并非如此。你不妨观察一下自己周围的人，绝大部分的表情并不是微笑，相反，是气愤、焦虑、哀伤、疲倦等，他们的生活似乎从来没有快乐过，过去不快乐，现在不快乐，将来也不会快乐！

怎样才能拥有迷人的微笑呢？要想笑得亲切自然，必须先从自己的内心开始练习。不可否认，现代生活和工作中的压力越来越大，值得高兴的事情似乎越来越少，但是，我们要对生活持宽容的态度，并对所有的美好之处心存感激；另外，要积极面向未来，乐观地看待自己的理想。这样，就更容易敞开心扉，让愉快的阳光照射进来。微笑必须来自内心，一定要自然坦诚，切不可故作笑颜、假意奉承，否则会脸笑而心不笑，虽然嘴角上拉，但是却缺乏整张面孔的配合，看起来生硬、做作、虚伪，令人厌恶。要知道，真诚的微笑可不是嘴角上拉那么简单，而是眼睛发亮，整张脸都活跃起来。如果你做不到这一点，就不要强迫自己笑，否则会给人一种怪异、难看的感觉。

微笑的第一步是放松。电影明星走上奥斯卡颁奖礼的红地毯之前，都要先进行脸部肌肉的放松练习。他们不想因为自己僵硬的表情而令人产生误解。我们在参加比较重要的活动之前，或者第一次同某人见面的时候，很容易紧张，面部表情也容易变得僵硬。这个时候，最好提前照着镜子练习微笑，这样在面对别人的时候才会显得从容自如，从而给人留下良好的印象。

每天洗脸沐浴时，要花上一两分钟时间对着镜子微笑，再花上一两分钟时间对着镜子大笑，把镜中的你当成他人进行练习，用你认为最美的笑容向他问好、打招呼。每天都应该这样练习，还要试着朝陌生人微笑，观察对方是怎样的反应。在同别人进行交流的时候，一定要记住先对他微笑。

　　微笑的时候不能发出声音，不能露出牙齿。嘴角稍稍上翘，下巴一定要放松，同时要有眼神、眉毛的密切配合。一定要善用眼神，最好是那种柔和的目光，显得友好、自然而又大方。这样的微笑会显得心情舒畅，同时也是对对方的尊重。即使你当时心情不好，也要注意控制，千万不要在脸上显现出来。

　　慢慢坚持下来，你会发现，不仅仅你自己看待事物的态度会发生变化，别人对你的态度好像也变化了很多。

TIP

本章要点

★一定要注意身体气味。如果你顾及到了这一点，并不会有人表扬你，他们甚至根本不会注意到；但是如果你不加考虑，周围的人就会注意到你的奇怪气味，对你产生反感。也许你曾经惹人反感，但你并不知道。

★身体气味中最需要注意的，是口腔的气味。

★只要出去，肯定就会有脏东西吸附在脸上，即使在屋里办公也难逃污垢，比如空调带进来的灰尘、打印机和复印纸的粉尘、电脑产生的电子污染等等。所以，不管你是否化妆，都要用专门的洁肤用品来洗脸，光用水是不行的。

★真正高明的化妆，并不是为了掩藏自己的真面目，也不是为了让自己变得非常醒目，而是要塑造出一种明朗、自然而又不失个性的形象。要想达到这种程度，一定要先认清自己，弄明白自己的年龄、身份、环境、个性等，以便确定自己应该塑造什么样的形象。

★真正美好的形象是从内而外的，由体质到生活方式到修养都要进行修炼才行。比如睡眠要充足，营养要保证，经常锻炼身体，这样一来，肤质从内到外得以改善，效果比化妆更好。

★一个人的头发往往能反映很多问题，包括健康状况、生活水平及卫生习惯，甚至可以反映出审美水平、个人修养、受教育的程度以及生活态度。健康、清爽的发质配以大方的发型，能给人留下朝气蓬勃的良好印象，使人乐于亲近。

★对于黄皮肤而言，黑而亮的头发最容易使面孔显得健康、干净、白皙，所以应该尽量少染头发，最好不染。

★人们第一眼看到的就是你的脸，而且几乎同时便会产生对你的判断——是喜欢还是不喜欢，信任还是不信任，等等。表情不仅能反映一个人的心理状态，还能透露出这个人的性格与气质。

★曾有人说："一个人应该为30岁以后的容貌负责。"也就是说，容貌并不完全是天生的，后天的修养、阅历、心态也会影响容貌。

★真诚的微笑能拉近人与人之间的距离。正如人们常说的"镜子效应"，当你对着镜子愁眉不展的时候，镜子里的人也会眉头紧锁；你冲着镜子笑得很灿烂，镜中的人也会笑容满面。

★要想笑得亲切自然，先从自己的内心开始练习。

8

第八章

沟通的艺术

　　亲近他人但不冒犯，关心他人但不干涉，随和周到但不阿谀，灵活变通但有原则。如果能够树立这种不卑不亢的形象，必然立于不败之地。

第1节 名片

名片是你的脸面

在商场上有这样一种说法："一个没有名片的人，很可能是没有自信、没有实力的人；一个名片皱皱巴巴、边破角烂的人，是不值得信赖的人；一个不随身携带名片的人，是不尊重工作、不尊重交往对象的人。"

很多人没有意识到名片的重要性。事实上，在人际交往中，名片就是一个人的脸面，它承载着一个人的基本信息，担负着保持联系的重任。一张设计精美的名片能够给人留下深刻的印象，也让别人更愿意保存这张名片。

应该如何设计自己的名片呢?

第一，应该保证名片上是最新的信息。有些人在自己的旧名片上涂改电话号码或地址，再把涂改过的名片递给别人，这会给人一种办事拖拉、不严谨甚至不可靠的印象。是啊，既然换了电话号码和地址，为什么不换名片?

第二，文字必须清楚易读，人名更要印得醒目。有些人为了使名片容纳更多的信息，不断缩小字体，这样一来不仅阅读起来不方便，而且显得杂乱。如果你真的有那么多内容要写，不妨写在背面，也可以采用折叠名片。不过，如果名片上头衔一大堆，反而会给人以华而不实的感觉，甚至会被怀疑可靠性。

第三，名片上不要留太多的空白。如果实在没有太多信息要体现，可设计一个图标，或者采用比较特殊的纸，这会使你的名片简洁而又别致，甚至能在众多名片中脱颖而出。

第四，名片要表现出身份及职业特点。比如，律师为了给人以踏实可靠的感觉，在设计上应该保守一些，可以采用单色的、没有纹理或者质感很强的纸；但如果你在广告公司工作，那么任何超常规名片的设计都是适合你的。

交换名片的礼仪

你的名片是有价值的，递交名片要有针对性，只有发到恰当的人手中才会发挥作用。我们有时候会遇到这样一种人，逢人就散发名片，不管别人需不需要，愿不愿意接受。这种过分热衷于交换名片的行为是失礼的，看起来像是在推销东西，显得没有风度和品位，甚至遭人鄙视。如果别人想要你的名片，他自然会主动向你提出，用不着你强加于人。

图 8-1

如果你想得到对方的名片，可以先把自己的名片递给对方，用请求的口吻说："如果方便的话，您能否留张名片给我？"或者说："我怎么联系您呢？"而不要生硬地说："请您留一张名片给我。"如果想向地位高的人要名片，可以说："以后怎样向您请教呢？"

如果别人想要你的名片，而你不想给，你可以这样措辞："不好意思，我的名片刚好用完了。"或者说："抱歉，今天出来匆忙，忘了带名片。"不能直截了当硬邦邦地说："我没有。"应该给对方一个台阶下，不要伤害对方的感情。

在某些场合，会遇到同时与多人交换名片的情况。这时一定要注意递交名片的顺序，否则会给人留下不通世务的印象。一般来说，要遵循以下几个顺序：

第一，拜访者应当先向主人递交名片。

第二，晚辈先向长辈递交名片，下级先向上级递交名片。如果是在公司对公司的谈判中，有上司为伴时，应先由上司递出名片，再轮到下属。

第三，如果在圆桌上向在座者递交名片，则不必拘泥于辈分与职位，按顺时针一一递出即可。在这种情况下，如果非要把名片先递给位高权重者，那么其他人会把你看作势利小人。

第四，在自我介绍或别人介绍你时，你应该毫不犹豫地奉上自己的名片。

在递交名片时，应注意以下事项：

第一，不要将名片颠倒着递给对方，而应将名片上的字体正面朝向对方，这样对方在接到名片的同时就可以直接读出你的名字来。

第二，如果对方是外宾，应将名片上印有英文的那一面对着对方。这里需要强调的是，不同国家的人在交换名片时有不同的习惯。在与外国人打交道时，应当多注意他们的举止、习惯。

第三，递名片时，名片应低于胸部，而且要用双手递（见图8-1）。单手递名片是不尊重对方的表现，显得轻慢，对方会认为你傲慢自大、缺乏诚意。如果你一手拿着东西，不方便双手递名片，一定不能用左手递，并且必须为此向对方道歉。如果双方同时互递名片，那么应该用左手接对方的名片，用右手递出自己的名片，而且递名片的手不能高过对方的名片。

第四，原先坐着的人在递名片时应起身站立，并用诚挚的语调说一句："××先生/女士，这是我的名片，以后常联系（请多多关照）。"等话语，给人以谦虚、大方的印象。

接收名片也有讲究。有些人接到他人的名片后，看都不看就随手放进口袋里、抽屉里，或者随意散置在桌子上，这是非常失礼的，是不尊重对方的表现。对方会觉得被人轻视。

正确的做法是，当对方递给你名片时，你应该起身站立，面带微笑，双手接过名片，并点头致谢。之后，应立即把自己的名片递给对方。接过名片后，不要立即收起来，而应该当着对方的面仔细看一看，有意识地读出对方的名字以及名片上所列的头衔，还可就名片上的某个问题当面请教，如公司的地址、主要业务等，意在表示重视、敬仰，对方看到你这种态度会非常高兴；之后，再把名片郑重地收起来。如果出于某种考虑需要将名片暂时放在桌子上，那么一定不要在名片上放任何东西。最后还要注意一点，在收了名片之后，为了避免对方误会你不重视他的名片，你拿着名片的手不能低过腰部。

在一次商业聚会上，王伟遇到了多年不见的同学，他想发一张名片给老同学，在口袋里左翻右找，好不容易摸出一张名片。但是，当同学疑惑地读着王伟的名片时，王伟的脸一阵红一阵白，原来王伟把别人给他的名片递给了同学！

在很多场合中，我们在向他人递交名片的同时，也会收到他人递交的名片，名片多了，就可能出现弄乱的情况。那么，如何才能有条不紊地存放名片？

首先，在出席交际场合之前，应将自己的名片放在特定的皮夹或名片夹里，以免在交换名片时左翻右找，这样既没礼貌，又容易毁掉自己从容、优雅的形象。

除了自己的名片有固定的存放处之外，还要准备另一个皮夹或名片夹存放收到的名片，这样就能避免自己的名片和他人的名片混在一起。

其次，接过他人的名片并仔细看过之后，应当着对方的面将其郑重放入自己的名片夹或皮夹内，不要拿在手上把玩、弄皱、弄脏或乱扔乱放。

最后，及时把所收到的名片分类存放，可在名片上适当位置记录对方的一些基本信息，如生日、爱好、性格特点等，这样既方便查找，还有利于日后的交往。但是必须注意一点，如果需要当场记录对方的信息，应该征求对方的同意，毕竟在别人的名片上写写画画是不礼貌的。

第2节 自我介绍与介绍别人

自我介绍

在社交场合中，进行简短的自我介绍不可避免。一个好的自我介绍，不仅可以加深他人对自己的印象，为以后的交往打好基础，还可能创造出意料之外的机遇。

自我介绍时应面带微笑，眼睛注视着对方，表情自然、亲切。如果轮到你自我介绍的时候你是坐着的，而对方站着，那么你应该立刻站起来，不能表现出一副随随便便、满不在乎的样子。在一次交流会上，我看到王先生和张先生坐在桌边，于是便走过去，做了自我介绍并伸出手，说："你们好，我叫××，认识你们非常荣幸。"王先生立即站起来，面带微笑与我握手，同时说道："我也非常荣幸认识你。"而张先生依然坐在椅子上，只是微微动了动身子，我非常尴尬，只好倾着身子同他握手。我的一位同事把这一切都看在眼里，事后他告诉我说，那位张先生真是让人讨厌，太傲慢了。

在做自我介绍时，不管对方的地位比你高多少，你都应该从容、大方、优雅、自信，给人以稳重感。一定不要面红耳赤、慌慌张张地介绍自己，更不能语无伦次，而要吐字清晰，音量适中，语速不快不慢，语气自然。尤其在介绍自己的名字时，一定要缓慢而清晰地说出来，比如："您好，我叫张华，弓长张，很高兴认识你。"尤其需要注意的是，绝对不能用手指指着自己向别人介绍。

自我介绍的内容应根据对象、场合的需要而定。如果对象是客户，那么介绍的内容应包括姓名、工作单位、所在的部门及职务等；如果是朋友之间的自我介绍，除了介绍姓名外，还可以包括兴趣和爱好。

无论在什么场合，自我介绍都要实事求是、恰如其分，千万不要故意贬低自己或自我标榜。语气不要过于夸张，要避免使用"最""很""简直""太"之类极端的词，否则容易显得幼稚、轻浮，惹人反感。

自我介绍可以反映一个人的素质，让某些人立刻喜欢你或讨厌你。虽然如此，我们还是不能为了表现自己而说个没完没了，而是应该尽量缩短时间。

介绍别人

在聚会中，当你和朋友谈得正高兴时，你的一位客户朝你走来，在这种时候，你该如何介绍你的客户和朋友认识呢？

首先，在介绍之前，最好先了解双方是否愿意认识，否则显得冒昧。

其次，在介绍之前，要先确定双方地位的尊卑，尊者有了解对方的优先权。一般情况下，介绍他人的顺序如下：

将晚辈介绍给长辈，即先介绍晚辈，后介绍长辈。

将年幼者介绍给年长者，即先介绍年幼者，后介绍年长者。

将下级介绍给上级，即先介绍下级，后介绍上级。

将迟到者介绍给先到者，即先介绍迟到者，后介绍先到者。

将男士介绍给女士，即先介绍男士，后介绍女士。

将未婚者介绍给已婚者，即先介绍未婚者，后介绍已婚者。

将家人介绍给朋友，即先介绍家人，后介绍朋友。

如果被介绍双方中一方人数较多，另一方只有一个人，而且双方地位大致相等，那么要先介绍个人，再介绍人数多的一方；如果这个人的地位明显高于大家，如领导对全体职员，那么这时候就要将大家依次介绍给对方，即先介绍人数多的一方，再介绍个人，以示尊重。

在介绍时，应该先提出尊者的名字，表示尊重。将下级介绍给上级时，上级的名字应该先被提到，比如："王院长，我给您介绍一下，这位是我们学院新入职的蒋老师。"

介绍时要面带微笑，右手掌心向上，五指并拢，指向被介绍的人。而眼睛应先看着被介绍的人，然后再看向另一位你要介绍的人。

介绍时可以先用"不好意思，请允许我介绍你们认识一下"等话语做铺垫，使双方都有个思想准备，以免尴尬。介绍时语言要简练，内容要清晰，姓名、单位等基本信息不可缺少。在介绍姓名时，一定要发音准确，不可含糊不清；像"于"和"俞"、"付"和"富"、"代"和"戴"等音同形不同的字，一定要做特殊的说明。

介绍别人的内容要实事求是，避免欺骗、吹牛等有水分的内容，以免引起误会，使被介绍的人尴尬。

介绍时，被介绍者应主动与另一方握手，并互相问候，如"某某先生您好，认识您非常荣幸"等，然后奉上自己的名片。

第3节　"只要你一张口，我就能了解你"

说话要简洁、清晰

一个人可以通过化妆、服饰等来掩饰自己的真实状况，但是只要他一开口说话，人们就会对他的阅历、修养、社会地位一目了然。17世纪的英国作家本·琼森说过这样一段话："只要你一张口，我就能了解你。没有什么比语言能更直接、清晰地表现一个人。"在二21世纪的今天，这句话仍然直击人心，堪称真知灼见。一个人不论继承了多少财富，衣着多有格调，开着多名贵的轿车，也不论毕业于哪所名牌大学，购物时多有品位，只要一开口说话，他的家庭背景、教育背景和社会地位就立刻坦露无遗。

在你跟他人的交流中，是否有一些词频频出现，而你浑然不觉？比如"那个""没问题""晕""郁闷""然后"等。是否经常有朋友觉得你说话很幼稚？你是否总是怀疑自己说话的准确性？

那么，如何使自己的说话方式提升一个档次呢？

说话首先要分场合、讲分寸。对谈话内容要事先准备，把需要表达的内容按照一定的逻辑顺序组织起来。与对方见面寒暄几句之后就应该直奔主题，语言要清楚、简洁，不要东拉西扯，这样才能让对方准确把握你谈话的要点，不至于迷失于细节之中。这样的言谈方式既能显示出你严密的思维能力，又能表现你成熟、精干的一面。

谈话时要养成运用眼神与对方交流的习惯。不能东张西望、左顾右盼，否则对方会认为自己不被重视，而且会觉得你吊儿郎当、缺乏自律性。讲话的语气要不卑不亢，听起来积极、热情、充满活力，给人以乐观、自信的感觉，不能表现得唯唯诺诺。要给别人发表意见的机会，与交谈对象进行必要的互动，不能滔滔不绝、旁若无人。当对方讲话时，你一定要耐心倾听，绝对不能无端地打断他人，或者抢着把别人要说的话说完，这些都是没有教养的表现。

说话一定要准确、具体。在一次商务活动中，有几位刚刚毕业的大学生问我："您好像在三四天前出席了一个义卖活动？"我回答说："我就是在四天前出席了一个义卖活动，而不是'好像'出席了。"

要想准确地表达，就要去除所有多余的语句或语音。首先要避免口头语，因为口头语会使你显得啰唆、思维混乱、反应迟钝，至少让你看起来不够成熟稳重。常见的口头语如下：然后、而且、好像、好的、你知道、那个、这个、那什么……在交流过程中，口头语的一再出现是令人厌倦的。试想，如果某人跟你聊天，每一句话后面都加上"你明白吗"，你会不会烦躁得抓狂？

某些人不但有口头语，而且喜欢过多地使用语气词，他们讲话时会频繁地发出无意义的声音，这些声音切断了语气、句子，使所要表达的信息支离破碎甚至无法理解。举例来说，有的领导可能会在会议上说出这样的话："那个，嗯，请大家安静。今天，嗯，我们开这个会，可以说，主要呢，有两个任务：嗯，一是总结去年的工作，第二嘛，可以说，是规划今年的工作。你知道，嗯，那个谁，我们去年，嗯，经营状况不好，这么说吧，这与大的经济环境是有关系的，但是，等于说是，关键还是我们自己，经营不当，啊，是不是啊？"这样的演讲是对听众的折磨，直接表现出这个领导讲话拖泥带水、办事不爽的形象。

有的时候，我们需要一边讲话一边整理思路或斟酌用词。这种时候我们会不由自主地使用一些语气词，以便适当停顿，赢得时间，然后再以适当的语速进行讲解，这样听众也更容易理解。但是语气词的插入要尽量少，绝对不能泛滥成灾。

要想塑造精力充沛、思路清晰、精明强干的形象，应该避免使用口头语和无关的语气词。前面那个企业领导的话，如果换作具有领袖魅力的人，应该这样说：

"请大家安静！今天我们开这个会，主要有两个任务：一是总结去年的工作，二是规划今年的工作。我们去年的经营状况很不好，这与大的经济环境是有关系的，但关键还是我们自己经营不当导致。"

干净利索的言辞会塑造干净利索的形象。无论是在职场上还是生活中，切忌拖泥带水、含混不清。而要做到这一点就应该付出足够多的努力，在切实增强自身素质之后，通过得体的言行举止表现出来。如果你言辞含混，那往往不是因为语速慢，而是因为你思路含混或缺乏信心；或者说，你之所以语速慢，也是因为你思路含混或缺乏信心。

我们每个人都是业余的心理学家，都会根据一个人的外在表现去判断一个人的内在本质，而且准确率相当高。所以说，要想塑造完美的外在形象，除了注意具体的服饰、打扮、言谈、举止之外，更重要的是修炼内功，只有这样才能从根本上改变自己的形象。

注意你的发音

有研究显示，在人与人之间的交流中，纯语言内容所传达的信息，只占很小的一部分，更多部分的交流是通过听觉方面的感受实现的。听觉方面感受到的包括说话时的音质、语调、语速等。声音不但是思想内容的载体，声音的大小、高低、粗细、快慢等也具有表达复杂情感的作用，诸如持重与浮躁、坚定与犹豫、轻松与拘谨等内心情感甚至个性，都可以通过语音的变化来表达。

发音准确、吐字清晰、声音悦耳，这是口头语言能带给受众的第一美好印象。不可否认，方言在一定地域内具有相当大的认同性和感染力，可是一旦超出这个地域，就应该尽量避免地方口音，以免让人听起来吃力，或者让人抓住特征把你"漫画化"。

讲话时你的声音能让听众清楚地听到吗？我们讲话的目的就是让听众听清楚讲话的内容，因此一定要把握好音量，以对方听清楚为准。太大的音量会让人有压抑感，失去倾听的耐心；音量太小不仅别人听起来费劲，而且显得没有威严，给人以软弱、缺乏自信的感觉。保证每个听众都能够很容易、很清晰地听到你的声音，这是讲话的第一要务。

不同的场合，音量的大小也应该有所不同。即使在同一场合，音量也要适当起伏。如果一个人说话的音量总停留在一个水平上，会让人感到很单调，从而失去倾听的兴趣，谁会喜欢听一个声音单调的人讲话呢？因此应该恰当地调节音量，通过变音来积极地传递信息，突出讲话的重点，让你的声音充满活力、热情。这样不仅能够吸引听众的注意力，拉近和听众之间的距离，还能给听众留下热情、自信的印象。

为了更好地使用声音，增强个人魅力，在与他人交流的时候一定要注意以下这点：

说话声音应该"有力"而不是"音量高"。很多人说话声音太大，尤其在演讲的时候，往往通过尖而响的声音来引起听众的关注。可能他们认为这样富有激情，具有煽动性，能够带动听众的情绪。其实不然，这种夸张的做法只会显得讲话者很不成熟，矫揉造作，而且也让听众的耳朵饱受摧残。在公共场所，还会引来旁人的侧目，非常不雅。

一个成功的演讲者往往通过低沉而有力的声音来吸引人们的注意力。当你适当降低音量说话的时候，你将会发现，你将显得更有修养，很平静、沉着，它比尖而响的声音更容易打动听众、博得听众的尊敬和赞同。对于你信心十足的事情，偏小声的叙述亦会显得有分量；但是要注意保持语音的平稳，当你的声音颤动时，别人会认为你对所讲的内容没有把握。如果连你自己都没把握，别人就更不会对你所讲的东西产生信心。

语调要平稳而有节奏

一个人所要表达的内容中的大部分情感因素是由语调体现出来的，因此讲话时的语调是否恰当、有没有吸引力，会直接影响谈话的效果。

调整语调的关键是控制情绪，因为不同的情绪会产生不同的语调，而不同的语调会使听众产生不同的感情，它直接影响人们接收信息的效果。在你心情愉悦的时候，语调是轻快的；愤怒时，语调是粗重、高亢的；悲伤时，语调则显得迟缓、滞涩。一般而言，在与人面对面交谈时，语调要婉转、抑扬顿挫，因为情感丰富、娓娓道来的语调最悦耳，也是态度友好的表示，会让听者感到很舒服。一定要避免粗声大气、音调呆板，这会使人失去倾听的兴趣。

无论你想达到什么样的意图，都不要让自己的语调听起来傲慢自大或者蔑视他人，这种语调一方面会冒犯别人，另一方面会给人以浅薄、不自尊或者虚张声势的感觉。无论在什么场合，太过喧哗都会给人以自信心不足、缺乏能力的印象。担任入学考试的监考人员发现，每场考试结束后，总会有一两个学生大声喧哗："终于考完啦！"或"简单、简单"等话。事实证明，这样的学生往往是缺乏自信的，成绩也不会太好。一般说来，越是缺乏信心的人，越容易借夸张的言辞来掩饰内心的不安，这一点已经众所周知。

要避免夸张的言辞和语调，但是也不能过于呆板。说话要注意节奏，也就是要有恰当的起伏、停顿和延续。停顿包括语法停顿、换气停顿以及逻辑内容停顿，还有一个很重要的方面是心理停顿。心理停顿一般用于下列场合：列举事例之前、做出出人意料的回答之后、赞叹之余、话题转移或段落结束之际。它没有固定的模式，但如果运用得当，可以产生极强的艺术效果。在演讲时，高潮阶段的停顿能"使空气凝固起来"。

政治家和商人往往是非常善于讲话的，他们会平稳而有节奏地把一句并不出奇的话说出力量来。松下幸之助在创建松下电器公司时，设定了一个非常高的奋斗目标，所有人都认为这个目标无法达到，而松下幸之助却信心十足地向员工表示"只要大家团结一致，松下公司一定会如期完成目标"，语气平稳，顿挫有力，令人不由得不信。虽然大家心里都没底儿，但松下幸之助坚定的态度替他们树立了信心，结果业绩真的达到了预期的目标。

适当放慢语速

语速是指人们在单位时间内吐字的数量，它决定了词汇从你口中讲出的快慢程度。在现代社会中，人们往往在某个地方长大，而在另外一个地方学习或工作，每个人的地方口音、教育背景以及其他因素都对其讲话的方式有很大的影响。因此，应该针对不同年龄、性别、职业、文化修养的对象，针对不同的场合，选择不同的语速。讲话速度太快是不利于交流的，不但让人听得吃力，还显得你不稳重，甚至会给人一种神经质的印象。说话的速度要适中，尽可能地娓娓道来，这样既可以给自己留下充足的时间思考，又会给人以稳重、诚实的好印象。适中的语速一般用于表达平和的感情或叙述一般的事情慢速一般表达沉重、沮丧的情感或叙述庄重的事情。一般而言，说话的速度稍慢较易给人留下沉稳、诚实的好印象。

在人际交往中，最关键的是要获取信任，要获得信任，适当放慢语速不失为一个好办法。优秀的推销员往往看着是木讷型的，这一点可能出乎我们的意料，却不难理解。口齿伶俐的推销员可以向客户提供更丰富的信息，可是口若悬河的姿态容易让人产生怀疑——真的这么好吗，是不是在虚张声势？相反，如果推销员木讷一些，更容易令对方产生"诚实"的印象。

这一点不仅适用于推销，也适用于其他需要说服别人的场合。如果你想打动一个人，那么就不要态度过急、语速过快，否则会给对方留下急躁、轻浮、夸夸其谈的坏印象。要知道，我们不仅要传达数据和资料给对方，更重要的是在对方心目中树立诚实、可靠的形象。如果不能获得对方的信赖，再多口舌也是枉然。

嗓音尖锐的人，如果放慢说话的速度，可以使声音听起来更悦耳。尖锐的嗓音容易显得不够庄重，听起来也容易令人疲倦，但是如果放慢语速，则可以弥补这些不足。另外，在许多人面前演讲时，语速也要慢一点。由于演讲时场地大，观众的注意力往往会稍差些，如果演讲者语速又太快，会让人听不清楚；另外，听众人数多时，就会有领悟力高低混杂的现象，因此更应该放慢语速，以便让所有人都听清楚、听明白，这样才能控制场面，表现出领袖魅力。

以上讲的都是要控制语速，不要太快。但是放慢语速不要过度，如果语速过慢，在别人说完三句话的时间里你才说完一句，就会让听者失去耐心，还会让听众觉得你对自己所讲的缺乏把握，甚至觉得你故作高深。

在与人交谈时，应尽量与倾听者保持同步的语速。当你和慢条斯理的人谈话时，就应该放慢语速；当和讲话速度很快的人谈话时，也应该相应地加快语速。如此一来，双方就能够配合默契，交流顺畅，建立和谐、融洽的关系。

不要口无遮拦

交谈的内容适合选择那些大家共同感兴趣的话题，比如：鼓舞人心的、积极的、正面的消息；像天气、新闻等一些中性话题；自己的一些梦想、美丽憧憬；一些个人爱好，如收藏兴趣、喜欢的音乐及运动等；对方的优点以及他感兴趣的话题；偶尔聊聊自己的一些糗事，既可以营造出良好的气氛，又能拉近彼此的距离。

不适合闲谈的内容包括但不限于以下几点：

不要谈论别人的隐私，比如对方的履历、婚姻状况、年龄、收入、人际关系等，也不要询问对方的服饰价格、护肤用品品牌等细节问题。这种问题不仅侵犯了他人的个人隐私，而且显得问话者婆婆妈妈、格调低下。同女性谈话时，不要称赞她身体壮实、长得富态，因为她可能误以为你在挖苦她长得太胖、没有线条。

谈话内容一般不要涉及疾病、死亡、车祸等话题，也不要谈论耸人听闻、八卦淫秽的事情，以免显得素质低下。

不要开过分的玩笑，尤其是异性之间。男士不要参与女士之间的"闺房"谈话，也不要与个别女性长谈不休。与女性交谈要言简意赅、彬彬有礼。

不要总把话题放在自己身上，尤其不要向别人诉苦，切忌喋喋不休地谈论对方一无所知而且不感兴趣的事情。不要经常谈有关家人的话题，否则会让人觉得你很幼稚。

不要和对方谈论共同认识的人的缺点以及消极的一面，那样会使对方心中产生不安全感，甚至对你产生人品上的怀疑和戒备。既然你能在他面前非议别人，肯定也能在别人面前非议他。如果对方执意要谈论他人，你难以避开，应该态度持中，言语得体，尽量不要恶语伤人。

不要重复旧的话题，因为无论多么有趣的事再三重复之后也会味同嚼蜡，旧话重提也会显得婆婆妈妈。如果某人喜欢旧话重提，你应该礼貌地阻止他，以免自己跟他受罪，也免得他自毁形象。不过，阻止他的时候要尽量不引起别人的注意，而且要礼貌。

学会倾听

在美国，曾有科学家对一批保险推销员进行了研究。这批推销员都受过同样的培训，但是工作业绩却相差很大。科学家对其中业绩最好的 10% 与最差的 10% 进行对比，结果发现：业绩最差的，平均每次推销时说的话累计为 30 分钟；而业绩最好的，平均每次累计说话 12 分钟。

很显然，优秀的推销员善于倾听，蹩脚的推销员总是喋喋不休。前者更多地了解了顾客，于是有的放矢地提出建议。后者是盲目的，而且不讨人喜欢。

人性的弱点在于，我们总是希望别人能认识我们、理解我们，而不愿意去认识别人、理解别人。在与人交谈过程中，我们也会不由自主地表达多于倾听。

谈话中，什么事情让你最为反感呢？

调查显示，对大多数人而言，在自己说话的过程中被打断是最扫兴的事。但是，你自己是否也会打断别人却浑然不觉呢？比如，突然插入毫不相干的话题，抢着把别人要说的话说完，当别人讲到某件你也遇到过的事情时，你突然插话道"我也遇到过这样的事，当时……"这些都是不尊重他人的表现。要想给别人留下好的印象，就应该多听少说，把注意力从自己身上转到对方身上去。

早在古希腊时期，重视演讲的哲学家们就已经把"听"和"说"放在了同等重要的位置上。有一个年轻人想拜苏格拉底为师，学习演讲的技能。为了向苏格拉底显示自己具备成为演讲大师的潜力，年轻人刚和苏格拉底见面就滔滔不绝地讲了起来。苏格拉底打断了他的讲话，对年轻人说道："要成为我的学生，你必须交双倍的学费，因为我得教你两门功课：首先得教你如何闭嘴，学会怎样倾听别人的谈话，然后再教你怎样开口。"

那么，如何避免自己有意无意地打断别人的谈话，并学会倾听呢？

当对方讲话时，要把注意力集中在对方身上，而不要总想着自己下面要说什么，也不要左顾右盼，更不能心不在焉。身体应该略微前倾，表示对谈话感兴趣，并根据对方的话运用面部表情及运用"是""嗯"等语言来响应对方。总之，一定要给对方足够的时间完整表述自己的想法，这样对方也会愿意听你的想法而不必总惦记着自己没有表述清楚的事情。

倾听在前，发言在后。只有当你充分了解了对方的想法，才能有的放矢，采取最恰当的反应。如果还没有弄清楚对方的想法就贸然做出反应，一是很可能出错，二是会让人觉得你沉不住气，不稳重。

倾听别人谈话，并不仅仅是听这么简单。它同时还把你的耐心、爱心、宽容、沉稳很形象地传达给对方，这种力量是非常强大的。

第4节　交谈中的注意事项

交谈的最佳距离

在同学聚会上，张强和王东这两个昔日好友见面了，他们相谈甚欢。可是，出现了这样一种情况：张强往前靠一点儿，王东就往后退一步，最后，原本站在屋子中间的两个人都移到了墙边。这到底是为什么呢？

每个人对私人空间的大小有不同看法，当他人闯入自己的防御圈时，就会产生排斥心理，表现在行动上就是会不由自主地往后靠。在人与人的交流过程中，如何让自己与对方保持恰到好处的距离呢？

心理学家经过多年的调查证明，人与人之间的距离是根据亲疏程度来衡量的。一般来说，在商务谈判之类的社交活动中，交谈的最佳距离为 1.2 米到 3.6 米；与朋友、同事交谈的最佳距离为 0.45 米到 1.2 米；夫妻、情人、密友之间则为 0.45 米以内；如果是异性同事、异性朋友，那么交谈的最佳距离为 0.75 米，靠得太近，有"过从甚密"之嫌，显得暧昧，离得太远又显得生疏。

从卫生角度来说，两个人交谈的最佳距离为 1.3 米，因为人在说话时会产生大量的飞沫，而且飞沫能飘 1 米到 1.2 米远。它有一部分会落到地面，而另一部分则悬浮在空中。为了健康，双方保持一定的距离是非常必要的。

反复称呼对方姓名增加亲切感

在聚会上，我们能否准确无误地记住刚刚认识的朋友的名字呢？往往会发生这样的情况，在对方刚刚介绍完自己的几秒钟后，我们就怎么也想不起来对方叫什么，脑子里一片空白。这是为什么呢？

由于第一次与陌生人打交道，我们的大脑通常处于紧张状态，注意力全部集中在自己身上，担心自己的言行举止不恰当，不知道会给别人留下怎样的印象，所以很难在见面的第一次记住对方的姓名。

但是，像从事保险、销售等行业的业务员只要与客户见过一次面，哪怕只有短短的几分钟，他们也能准确无误地记住对方的姓名以及相貌等身体特征。他们是怎么做到的呢？

当你接触过几位专业的业务员后就会发现，这些业务员在初次与人见面时，一般会使用像"李先生，您是哪所学校毕业的呢""我看过王先生您在某画廊办的画展"等谈话方式，通过不断重复对方的姓名来加深自己的印象，同时还会使对方感到亲切，博得对方的好感。

朋友曾告诉我这样一件事情：一次，他在街上走着，忽然一个二十多岁的小伙子走到他跟前，说道："×老师，这么多年没见您了，您还是这样年轻。"朋友纳闷儿了，这是谁呢？后来，经小伙子解释，他才想起来，原来这是他十几年前在农村当教师时的学生。这令他既感动又幸福，他没想到已经十几年没有联系的学生竟然能认出自己，并记得自己的名字。莎士比亚曾说过这样一句话："还有什么能比我们自己的名字更悦耳、更甜蜜？"所以，我们一定不要吝啬到连对方的名字都舍不得叫出口。

与人交往要有分寸

与人交往，要努力使人产生亲近感，尽量拉近关系。在中国特定的文化传统中，尤其如此。但是凡事都要讲究一个"度"，过犹不及。有时候，过于亲近、体贴，反而不好。

宋朝的时候，秦桧当上了宰相，许多人都想巴结他。有个人和秦桧的关系不错，为了更上一层楼，这个人想方设法弄来一条珍贵的波斯地毯，送给了秦桧。地毯铺在秦桧屋里，尺寸竟然丝毫不差，严丝合缝。众人纷纷称赞送礼的人仔细、周到，那个人自己也沾沾自喜。但是秦桧心里却很不舒服。他觉得这个人心计太深，对自己屋子的大小都能计算得毫厘不差，那么对自己其他方面的事情也一定了如指掌，这样的人是个隐患。后来，秦桧找了个借口，杀掉了这个人。

大部分人都不愿意别人了解自己的隐私，所以，与别人过于亲近是危险的。任何事情都必须把握好分寸，而要把握好分寸，就要摆正自己的位置。你要在人们心目中树立这样一个形象：亲近他人但不冒犯，关心他人但不干涉，随和周到但不阿谀，灵活变通但有原则。如果能够树立这种不卑不亢的形象，必然立于不败之地。

社交活动成功的关键，是一个人有良好的精神风貌，而要想建立良好的精神风貌，首先必须自信，克服自卑感，绝对不能以有求于人、低三下四的面貌出现。无论在谁面前，都应该尽量坦诚、开朗、乐观、不拘谨、不扭捏，但不要用心太过。如果缺乏社交经验和礼仪方面的知识，一定不要故作老练，而应该发自内心地善待他人，像一池清水般清澈见底，表里如一。在绝大多数情况下，"巧诈"的确是不如"拙诚"的。

保全别人的面子

在面对初识者时，几乎所有人都希望给对方留下完美而深刻的印象，这是人之常情。可是有的人采取了不恰当的方法，反而弄巧成拙。他们在人前尽力展现自己，比如为了显示博学而每句话都引经据典，为了表示自己幽默风趣而有意搞笑，为了显示自己处世老到而取笑他人，等等。这种做法是十分危险的，如果做不到游刃有余、天衣无缝，就很可能出丑，因为当一个人强求出彩的时候，很容易破坏正常的思路，以至于前言不搭后语，乱了章法。即便真的做到了天衣无缝，仍然会破坏人际关系的和谐，有的人会觉得你矫揉造作不自然，有的人会因为自己相形见绌而对你敬而远之，心胸狭窄者甚至会因此而心怀怨恨。

在社会交往中，所有人都是平等的，如果你一味地想出类拔萃、压倒别人，那么别人就会反感你，你在别人心目中就会形成一个好卖弄、夸张、轻浮的形象。你想压倒别人，别人就要抗拒，那么你们什么时候才能坦诚相见呢？

稍有阅历的人都知道，真正德高望重的人往往平易随和，绝不会靠卖弄才华来赢得人心。他们往往很淳朴，怀着一颗平常心对人对事。与这样的人交往，如饮醇酒，时间越长越有味道，越能体验到平淡背后的强大力量。打一个比方，力量薄弱的人遇事咋咋乎乎，而胜利在握的人则处事低调；企业老总往往待人和善，而他的手下则可能盛气凌人、很难亲近。

如果你想为自己塑造一个实力雄厚、内涵丰富的形象，在与人交往时就要低调、谦让（当然不是无限度的）。如果对方开口说话，请不要急于打断对方，这是基本的礼仪；如果对方说话颠三倒四、漏洞百出，请不要急于补充对方，因为补充对方就意味着自己比对方懂得多；也不要轻易纠正对方，除非是原则性问题，否则就有在言辞上压倒对方之嫌；不要质疑对方，因为这样一来双方的谈话就失去了互相信任的基础。如果能够辩证地做到不随意打断、补充、纠正、质疑，就可以真正占据主动，展现出真正的力量。

一般说来，在对方发表意见的时候，应该适当附和，表示自己在认真倾听。但是不能附和过头，像个"应声虫"，给人以毫无主见或不诚实的感觉。

在礼节性的交往中，应该适当赞美别人，制造愉快的气氛。赞美人并不是一件容易的事，正如水能载舟，亦能覆舟一样，赞美得当与否会带来截然相反的效果。如果你赞美某人说"您真是一位好人""您的为人真是让我敬佩"，那么即使你是发自内心的，对方也可能会犯疑：你对我了解多少，你怎么知道我的为人？于是在猜疑的心态下便会对你产生戒心。

那么，如何才能恰如其分地赞美他人呢？你可以以他过去所创造的成绩或现在所拥有的物品作为赞赏的题材。由于这种赞美与交情的深浅无关，因此不容易让对方产生戒备心理。面对男士时，你可以对他在运动会上的突出表现表示赞叹，也可以赞美他手腕上的一块名表，不过在后一种情况下要适可而止，否则会让人觉得你贪婪或卑微。在与女性见面时，最适合赞美她们的服装或佩饰，这种恭维永远不会错。

在交际过程中适当地赞美对方，善待周围的其他人，或者在谈到不在场的第三者时也表示友好，是非常重要的社交礼仪，也是赢得朋友的最佳策略之一。据有经验的人说，年轻女性如果要考察未婚夫是否可以依靠，最简单的方法就是看看他对别人好不好，比如，是否孝顺父母，是否真诚对待朋友，在餐厅吃饭时对服务员是否和善，等等。如果他对别人都很凶，只对女朋友好，那么总有一天对女朋友也会很凶，因为他的本性不善良。其实，无论女性考察男性，还是反过来，或者随便考察任何一个人，都是同样的道理。

对不在场的第三者表示关心，可以加强对方对自己的好印象。我有一个朋友，曾在某天晚上来拜访我，求我帮他一个忙。谈了没多久，他的手机突然响了，他接完电话后立即向我告辞，说他有个年纪很大的老乡从外地赶到北京办事，刚刚下火车，人生地不熟又缺乏在外的经验，正在火车站向他求助。他一再向我表示歉意，然后急匆匆地离开了。或许有人认为他这种做法很没礼貌，但我却对他产生了更好的印象，因为他能够真正地关心别人。我知道，如果我某一天有求于他，他也会同样地关心我。

收敛锋芒

萧伯纳是赢得了世人敬仰的一代文豪，但是，他年轻的时候一度很不招人喜欢。

他从小就表现出了非凡的聪明才智，思维敏捷，言语犀利。到了青年时期，由于年轻气盛，喜欢出风头，事事争强好胜，不给人留情面，他说出话来总是令人难以接受。

一次，一个好朋友偷偷警告他："你说话很风趣，也很巧妙，可是大家却无法从中得到快乐；如果你不在，他们倒会觉得比较轻松愉快。因为你太优秀了，在你面前，谁也不敢说什么，而你总是乐于表现自己的出类拔萃。这对你来说没什么好处，因为你将面临失去朋友的危险。"

听完朋友的话，萧伯纳立刻意识到了事态的严重性。他明白，假如自己不能收起锋芒，重新与人友好相处，那么失去的将不仅仅是好朋友，整个社会都将离自己越来越远。于是他发誓，今后对人再也不用那些尖刻的语句了，他要让自己的锋芒在文学中焕发异彩。最终，这次转变帮助他在文坛赢得了非凡的地位。

我们身边的许多年轻人都是这样，尤其是学历较高或少年得志的，他们说话底气十足，批判一切，简直让人无言以对。萧伯纳的这个例子告诉我们，收敛锋芒是对别人的尊重，也是为自己留下余地。过于咄咄逼人的姿态，会显得你修养不够，缺少内涵和风度。

平心而论，大部分喜欢出风头、咄咄逼人的人，都是有些本事的。他们不想在默默无闻中度日，总想在言谈话语中占尽风头。古人说的好，"枪打出头鸟"，假如你事事都想占尽先机，就会惹人忌恨，甚至成为别人打击报复的对象，会变得越来越孤立。因此，就算你非常出色，也要把锋芒收起来，不要太惹眼，因为那样只能是痛快一时，痛苦一世。

不怕冲突，懂得拒绝

与人打交道，要收敛锋芒，但是也不能走向另一个极端，变得唯唯诺诺、过于顺从。在我们的生活中，难免会有人向你提出一些无理的要求，怎样才能做到既不使场面尴尬，又不会因自己的拒绝而使对方感到不快呢？

一次，某家电器公司的销售员在跟一个大客户谈生意时，客户突然要求查看该公司的财务报表，而财务报表属于公司的绝密资料。那么，该销售员应该如何解决这个问题呢？如果直截了当地拒绝，说出"这不可能，财务报表是公司的绝密资料"之类的话，肯定会让客户难堪，说不定会失去这位大客户。如果他说"真是不好意思，这类数据连我都是无法看到的呀！"，则不仅婉转地回绝了客户的要求，而且更能显示出自己的原则性。

同样是回绝，为什么会有如此不同的结果呢？原因就在于不同的措辞、语气、语调所造成的效果不同。我们在拒绝他人的时候，最好采用比较委婉的方式，比如带点幽默地说"无可奉告"或转移话题等。值得注意的是，拒绝比犹豫更礼貌。偶尔拒绝一次上司的要求吧！不仅表现了自己的独立性和力量，而且会使领导对你有新的认识。

在某些特殊的情况下，我们需要直言不讳地拒绝别人，虽然简单直白，但对某些傲慢自大的人却能起到意想不到的效果。有一个故事，说的是德皇威廉二世设计了一艘军舰，自鸣得意，还把设计图拿给著名的造船专家鉴定。专家说："陛下，您设计的这艘军舰称得上坚不可摧、威力无比、速度超群、气势辉煌。但它有一个缺点，那就是只要它一下水，就会立刻沉入海底，如同一只铅铸的鸭子。"专家一针见血，一句话击中了德皇设计图的要害，"准"而且"狠"，使德皇毫无反抗的余地。试想，如果不采用如此手法，怎么会让德皇改变主意呢？

在特定的情况下，如果条件不允许我们和风细雨地做工作，就应该采用"重手法"，一招制敌，让对方没有反抗的余地；在某些人面前，我们必须强硬，否则就会遗患无穷。

在工作方面，我们需要直言不讳。直言不讳意味着说话直接、直爽坦率、毫无隐瞒、不讲情面，但并不一定要充满敌意。比如，"你报告中第四页的合计结果不正确"，这是直言不讳；如果你说"你这个报告中的结果算错了，你长了个猪脑子，真是个笨蛋"，这就是充满敌意。前者可以得到别人的谅解，而且长期坚持还会得到大家的赏识，因为直言不讳中体现着一种严肃认真的理性精神和负责态度；而后者必然会四面树敌，最后弄得孤家寡人。

人际交往讲究"礼尚往来"，这既可以理解为互相尊重，也可以引申出另外一个意思，那就是当别人盛气凌人时，应该"以其人之道还治其人之身"，否则对方会得寸进尺，即使你一再做出让步，对方仍然会步步紧逼。有时候，宽容大度并不是树立形象的唯一方式，因为并非所有人都知深浅、懂进退。

我有一位朋友姓王，就叫他王先生吧，他在北京开了一家化妆品公司，生意兴隆，而且招揽了不少人才。为了进一步扩大规模，他决定再招几个新职员。广告打出后，应聘者甚众，其中一个30岁左右的博士给他留下了深刻的印象。首先，博士派了一个师弟打电话过来，表示有意加盟，让王先生一个星期后打电话给他，因为他正在外地"开一个重要的学术会议"。王先生觉得此人没有诚意，就没再理他。隔了一个星期，博士打电话来了，谈起薪金，要求"月薪不得少于10000元"，否则"无法生存"。王先生解释说，如果你真的有能力，每月的奖金就不止10000元，但基本工资只能给3000元。博士表示遗憾，王先生以为此事到此为止了。可是过了一个星期，博士亲身前来拜访了，坐下后的第一句话是："我还是可以考虑到贵公司上班的。"王先生笑笑，拨了个电话，在电话里与一位知名教授谈起了一种新产品："周老师，您这个方子现在市场反响很好，您什么时候有时间，我们谈谈下一个项目？另外，我们这里随时欢迎您的博士来实习，上次那两位就很讨人喜欢，吃苦耐劳，人又随和，而且不计报酬。"可以想见后面的情景。

如何结束谈话

当你和朋友交谈时，如果没有其他重要约会，最好少看手表。不管你是有意识还是无意识，这样的小动作都会使对方认为你想尽快结束话题。同样，如果你对对方的话题没有兴趣，或者确实有要事在身而不方便直接告诉对方，则可以通过看手表或向对方询问时间等方式暗示对方你想尽快结束谈话。

假设你与一位久未见面的朋友在聚会中相遇，你们的谈话刚开始进行得非常愉快，却渐渐没了话题，那么，如何礼貌而优雅地退出谈话，为会面画上一个完美的句号呢？当然，最直接的方式，是在一段话结束后直截了当地跟对方握手告别，但不要在对方刚要开口说话时提出，这样是不礼貌的。另外，你还可以找一些借口，比如要去接个朋友或打个电话等。如果能在临别时做一个得体的告辞，并依据当天见面的感想给对方恰当的赞扬，更能加深对方对你的好印象。切记不要骤然结束谈话，好的会面应该留有令人回味的余地。

第5节　电话里的形象

对现代人而言，电话是一种常用的工具，是人们接触社会的触角。接打电话不仅反映着个人的涵养，也可以体现一个组织的素质高低。人们在使用电话时的种种表现能够给对方留下生动的印象，"如见其人"。松下幸之助曾说："不管是在公司，还是在家里，凭这个人打电话的方式，就可以基本上判断出其教养的水准。"

一个人的"电话形象"，主要是由他使用电话时的措辞、语调、时间感等几方面构成的。在电话交流中，声音对交流效果的影响占90%，因而很多通过电话销售商品的公司对雇员的第一个要求，就是拥有独特、动听的嗓音。宽厚、低沉但又悦耳的嗓音让人感到有权威、可信、可靠，而尖利、变幻的嗓音让人觉得说话者性格冷酷、为人狡猾。

打电话之前的准备工作

在电话中的表现也许是你给他人留下印象的唯一机会，所以打电话之前一定要做好准备工作，尤其是拨打重要的电话之前，比如商业电话、求职电话。

第一，明确打电话的目的。最好将所谈内容的要点以及可能会遇到的问题列出提纲，这样可以让你思路更清晰、要点更明确，防止你的谈话偏离主题或出现丢三落四的问题。将谈话所需要的资料都放在伸手可及的地方，包括纸、笔、计算器、便签和日历等。

第二，在打重要电话之前应该将精神状态调整到最佳。记住，不要躺着、趴着打电话，否则会给人以慵懒、无力的印象；也不要把双腿高架在桌子上，或坐在桌子上打电话。除非情况特殊，不能在气喘吁吁时打电话，更不能边走边打电话或边吃东西边打电话。如果在家里打电话，要尽量选择安静的地方，远离噪声。话筒与嘴的距离应保持在 3 厘米左右，避免声音过大，让对方感到"震耳欲聋"。

打出电话

打电话要选择别人方便的时间，而不能只考虑自己方便。具体要注意以下几个方面：

第一，无论是公务电话还是私人电话，最好避开临近上班、下班以及三餐的时间。避免在每天上午 8 点之前、晚上 10 点以后以及午休时间打电话。如果给国外的客户打电话，应先查清楚时差，避免影响对方休息。

第二，尽量避开对方业务繁忙时段和通话高峰时段，否则因为对方处理的事情过多，你很可能得不到满意的答复。

第三，除有紧急要事之外，公务电话应尽量避免打到对方家里，占用对方的私人时间，尤其是节假日时间。

第四，社交电话应尽量放在工作之余打。

电话接通后，应使用规范的电话用语，如"您好，我是某某单位的某某"，向对方自报单位、姓名，然后再报出你要找的人。如果对方接电话时没有自报家门，应首先确认对方的单位，得到确认后，再自报家门，如"您好，请问是某某单位吗？我是某某单位的某某，请帮忙找某某先生（小姐）接电话，谢谢！"记住，即使是你熟悉的人接电话，也应主动报出姓名，不可故弄玄虚。在电话上玩"猜猜猜"是令人反感的。

当要找的人接到电话后，应首先询问对方眼下的情况，是否方便接电话，如"请问现在方便与您交谈吗？"如果对方正在开会或者正在处理重要事务，不便交谈，你可以跟对方另约时间。如果对方同意交谈，简单寒暄后，就应直奔主题，告诉对方你打电话的目的。商业电话要简明扼要，尽量用精炼的职业语言，忌讳说话吞吞吐吐、含糊不清、啰唆、东拉西扯，偏离谈话的主题。通话时间不宜过长，除非是十分紧急、重要而又烦琐的事务，一般应把通话时间控制在 5 分钟以内。要讲的内容说完后，应果断地终止电话，不要拿着电话不停地聊，没话找话，反复念叨，那样会给别人一种感觉，即你的时间并不珍贵，而且做事拖拖拉拉。

如果你要找的人不在，通常可以采用以下几种应对方式：

用"谢谢，打扰了，再见"直接结束通话，这种方式通常用在事情不紧急，或自己还有对方其他联系方式的情况下。如果事情紧急，自己又没有对方其他联系方式，需要向接电话者请教方便联系的时间、对方的其他联系方式，也可以留言，具体可以采用这样的措辞："不好意思，请问我什么时候再打来比较合适？""事情比较紧急，请问某某还有其他的联系方式吗？""请问我可以留言吗？"选择留言时，在得到对方的同意后，直接说出你要留下的信息。你的姓名、回电号码一定要清晰、缓慢地说出来，最好将电话号码慢慢地重复一遍。

通话结束时，要向对方致谢："谢谢，打扰了 / 麻烦您了，再见。"

接听电话

在工作中，听到电话铃声响起来，应在第二声响起以后、第三声响起之前接通电话。不要在铃响第一声后就接，这样会令对方感到突然，心理上准备不够，而且容易掉线；但也不能让对方久等，如果一时腾不出空来，让电话铃响了四次以上才拿起话筒，通话时应先向对方表示歉意。

拿起话筒后，应自报家门，先报公司的大名，有必要的话再报个人的姓名，同时向对方问好，如"您好 / 早上好，我是某某公司的某某"。自报家门时所说的内容，可参照发话人自报家门时的模式适当变通。"喂，找谁？""喂，谁呀？"类似于这样的开头是欠妥当的，应当避免。

接听电话时，若刚好另一个电话打进来，千万不能置之不理。正确的做法是先跟正在通话的一方说明原因，请他稍等片刻，然后立即去接另一个电话。电话接通后，跟后者说明原因，并表示歉意，请他稍等，或过会儿再打进来，或稍后打电话给对方，然后再继续之前的通话。

在举行会议期间、会晤重要客人或手头工作正忙时有电话进来，应向来电者说明原因，表示歉意，并与对方另行约定一个时间。切记，一定要按照约定主动打电话给对方，切勿让对方再打过来，否则就显得失礼。

通话中若出现掉线或故障中断了通话，应耐心等待对方再拨进来。

接到误拨进来的电话，应礼貌地告诉对方拨错了电话，不能冷冷地说一句"打错了"，就把电话挂断。

如果你喜欢在外出时使用电话上的录音装置，那么在录制话音时一定要口齿清晰，并注意措辞和语调。

电话的代接

在办公室里，有时候会出现这样的情况：外来电话需要找的人在，但不是他本人接的电话；或者要找的人不在办公室，其他人成为电话的代接者。遇到这种情况，同事之间要互相帮助，做好代接、代转电话的相关事宜。这只是举手之劳，却能同时帮助两个人。不过，为了尊重指定受话人是否接电话的选择权，在替别人转接电话之前最好能先确认对方的身份。如果你是负责办公室工作的秘书，更不能忽视这一环节。当然，如果是私人电话，不去确认对方的身份则更为妥当。

第一种情况，受话人在，但不是本人接的电话。接电话者不要显得不耐烦，更不能以"不在"来欺骗对方。如果自己不是受话人，在转接电话时，应先说一声"请稍候"，把话筒轻轻地放下，走到受话人身边通知对方，而不要大喊大叫"喂，某某，你的电话"，这是缺乏教养的。如果受话人在离电话较远的地方，或正忙于其他事务脱不开身，这时代接人应对打电话者说："不好意思，某某马上过来，您方便等一会儿吗？"如果受话人不能在一分钟之内赶来接电话，代接人应拿起电话，向对方表示歉意，并询问对方是否方便多等候一会儿。如果对方不方便等候，代接人可以请对方留下姓名、电话号码，等受话人方便的时候回电话给对方。

第二种情况，受话人不在。遇到这种情形，接话人应友好地向来电者说明原因，表示抱歉，同时还应尽可能地向来电者提供帮助，切忌只说一声"不在"来打发对方。如果能够确定对方要找的人什么时候回来，可以直接告诉来电者什么时候再打来，如："对不起，某某现在不在，方便的话，您四十分钟后再打来好吗？"如果不能确定对方要找的人什么时候回来，应询问对方是否需要留言，如："对不起，他刚好出去，有什么需要转告的吗/您需要留言吗？"如果来电者有此需要，接话人应认真做好笔录，包括来电者的单位、姓名、回电号码和留言等，并与对方进行核对，避免出现差错。

代接、代转电话时，不要随意打听来电者与指定受话人之间的关系，以及具体联系的事项，如果对方主动讲明，不能随意扩散留言内容；双方通话时，不要旁听，更不能插嘴。如果答应来电者传话，应尽快落实，无论是口头传话还是书面留言记录，最好是当面传达，避免耽误时间、内容走样。

挂电话的礼仪

作为电话礼仪的惯例之一，通话的长度一般由打电话的一方来控制，因此结束交谈应当由打电话的一方提出，接电话的人不应抢先结束通话。

结束交谈时，不要急于挂上电话，应彼此客气地道别，等对方放下电话后再挂断，不要话音刚落就挂断电话。要知道，挂电话的声音在对方的耳朵里并不是很动听，这可能会使你前面的礼貌前功尽弃。与长辈或上司通电话时，不论谁是拨打方，都应等长辈或上司放下话筒后再挂断电话。

接打电话时应避免什么

不自报家门，用"是我"代替姓名。要知道，即使是熟悉你的人也并不一定接通电话就确定你的身份，何况并不是人人都熟悉你。

打电话时三心二意。一边打电话，一边随意与身边的人交谈，弄得电话中的对方不知道你在说什么；或者拿起听筒，却忙其他事情，让对方干等，而且不用"对不起，请稍等"等话语提醒电话的另一方。

一边打电话，一边吃东西。

一边打电话，一边敲打电脑键盘或者看电视、文件。这会让对方感到自己不受重视。

在办公室用公司的电话谈私事或者煲电话粥，耽误正事，影响工作。

一拿起电话就滔滔不绝，不给对方说话、反应的机会。

对方讲话时，接电话的人心不在焉，沉默无应答，任对方自言自语，用"嗯""好的"给予对方消极的反馈，以致对方以为电话出了故障。

在电话中与对方出现意见不合时，单方面无礼地中断电话，或采用粗暴的举动拿电话撒气。

自己打错电话后，不说"对不起，我打错电话了"就不声不响地挂上电话，或为自己打错电话跟对方抱怨，无故占用他人时间。接到打错的电话，骂骂咧咧地说"打错了"就猛地挂电话，不给对方反应的机会。

让对方回电话，却只留姓名不留电话号码。别以为谁都知道你是谁。

在图书馆、剧院、会场等公众场所，肆无忌惮地接打电话，破坏气氛，给周围人带来困扰。

在公共场所接打电话时，当众发嗲撒娇。

声音、语调和节奏

打电话时，我们虽然看不见对方的表情，但可以通过语调、言辞的运用来判断对方的情绪、态度。因此，即使你看不到和你通话的人，你也要像他们在你面前一样对待他们。如果你打电话时面带微笑，那么你的声音就会更加温暖、悦耳，尽管对方看不到你的表情，也能通过电话里的声音感受到你的热情。

电话是只能通过声音来表情达意的传媒，因此你的声音应该吐字清晰、发音标准、音调柔和，这样才能将你的观点和态度都很清楚地传达给对方。公务电话一定要讲普通话，声音大小适中，既不能大喊大叫，也不要小声嘀咕，声音尖细、微弱的人通常被认为是不专业的。

语调既能传递感情，又能帮助对方准确理解言辞的含义。一般而言，让人感到自然、温和、悦耳的语调应该是适中的。语调过长，显得拖拉，不干练；过短，显得生硬、冷淡；过高，显得严厉，不柔和；过低，显得缺乏生气。

另外，接打电话时，要常备一支笔和一个笔记本，以便记录电话中的重要事项。一般是左手拿话筒，右手做记录，重要事项如时间、地点、规格、报价、数量等，都应该记录下来，并在电话中做必要的重复，请对方进行确认。这不仅可以避免出现差错，还能提高工作效率。

第6节 如何加深别人对你的印象

每个成年人都有过爱好，可惜的是，随着年岁的增长、生活和工作负担的加重，很多人丢弃了自己的爱好和兴趣，变得越来越缺乏情趣。能够坚持兴趣和爱好的人，在某种程度上可以说是留住了青春和活力。我有位朋友，姓李，是一个铁杆"驴客"，每周都要从繁忙的商务活动中抽出时间，背上巨大的行囊出去野营，如果时间允许，还会跑到很远很荒僻的野外去。在他的家里，每个角落都摆满了各式各样的野营用具，以及与"驴友"们的合影。除了这项兴趣之外，他还加入了无线电爱好者团体，与全国乃至全世界的同道连成一体。他的朋友很多，大家一提到李先生都眼睛发亮。在大家看来，李先生是快乐的化身，浑身上下洋溢着少年般的活力，具有与众不同的魅力。

如果你要树立自己的形象，一定要有特点。你不需要非得像李先生那样，但要有令人印象深刻的亮点，否则是很容易淹没在众生之中的。

在丹麦首都哥本哈根，有一家知名度颇高的饭店，这家饭店并不古老，没有什么典故，菜也一般，但附近有喜庆宴会时，往往会在这家饭店举行。之所以如此，要归功于这家饭店所装设的吊灯，所有吊灯都是极为贵重的艺术品，使整个饭店的气氛非同凡响。如果你到达哥本哈根，只要向计程车司机说出这家饭店的名字，司机就会反问："是那家装设昂贵吊灯的饭店吗？"饭店如此，人也是如此。

如果你想塑造一个令人难忘的形象，可以尝试培养一个业余爱好，而且这个爱好与你的本职工作差异越大越好，越大越会使人刮目相看。想想看：能够在马拉松比赛上取得名次的电脑程序员，擅长写小说的商人，精通葡萄酒鉴赏的银行职员……其中任何一位都会给人造成深刻的印象。兴趣与职业之间的差距越大，越让人觉得高深莫测，别人也会更加敬重他。如果你是个坐办公室的白领，平时留给人的印象都是斯文雅致的，但忽然某一天，在一个合适的时机，你向大家展示了你穿着雪地靴、背着野营包、挂着登山杖的形象（见图 8-2），那么别人一定会重新审视你，觉得你比原来的形象更丰满、更特别、更充满力量、更有内涵。

兴趣是没有功利目的的，更不是为了炫耀才去培养，但如果你本来就具备与众不同的兴趣，则不妨适时表露，来加强别人对你的印象。"不像"比"像"更让人印象深刻。

图 8-2

本章要点

★在商场上有这样一种说法："一个没有名片的人，是没有自信、没有实力的人；一个名片皱皱巴巴、边破角烂的人，是不值得信赖的人；一个不随身携带名片的人，是不尊重工作、不尊重交往对象的人。"

★在做自我介绍时，不管对方的地位比你高多少，你都应该从容、大方、优雅、自信，给人以稳重感。在介绍自己的名字时，一定要缓慢而清晰地说出来。

★与对方见面寒暄几句之后就应该直奔主题，语言要清楚、简洁，不要东拉西扯，这样才能让对方准确把握你谈话的要点。这样的言谈方式既能显示出你严密的思维能力，又能表现你成熟、精干的一面。

★谈话时要养成运用眼神与对方交流的习惯。

★要想准确地表达，就要去除所有多余的语句或语音。首先要避免口头语，因为口头语会使你显得啰唆、思维混乱、反应迟钝，至少让你看起来不够成熟稳重。

★在人际交往中，最关键的是要获取信任，而要获取信任，适当放慢语速不失为一个好办法。

★通过不断重复对方的姓名来加深自己的印象，同时还会使对方感到亲切，博得对方的好感。

★你要在人们心目中树立这样一个形象：亲近他人但不冒犯，关心他人但不干涉，随和周到但不阿谀，灵活变通但有原则。如果能够树立这种不卑不亢的形象，必然立于不败之地。

★在社会交往中，所有人都是平等的，如果你一味地想出类拔萃、压倒别人，那么别人就会反感你，你在别人心目中就会形成一个好卖弄、夸张、轻浮的负面的形象。你想压倒别人，别人就要抗拒，那么你们什么时候才能坦诚相见呢？如果你想为自己塑造一个实力雄厚、内涵丰富的形象，在与人交往时就要低调、谦让（当然不是无限度的）。

★如果你想塑造一个令人难忘的形象，可以尝试培养一个业余爱好，而且这个爱好与你的本职工作差异越大越好，越大越会使人刮目相看。

9

第九章

学会控制自己的身体动作

如果你想为自己塑造一个沉稳、有力的形象，就要调整自己的动作，让动作更精炼，让每个动作都是有效的。你要先让自己在心理上缓和下来，在你身上建立一种镇静、自制的气质。

第1节　举止仪态会透露你是哪种人

无论在何种场合，你的身体动作，比如走路的姿势、站姿、坐姿、眼神、仪态等，都会透露出你是哪一种人：是积极进取的成功者，还是碌碌无为的失败者？是乐观地对待一切，还是悲观消极地混日子？是否阅历丰富、沉稳冷静？身体好不好？可能有什么样的生活习惯？……我们每个人都是业余心理学家，我们会自觉或不自觉地通过身体动作去判断一个人，而且准确率非常高。

可以说，一个人的举止比言语更引人注目，形象效应更为显著。如果你情绪低落，看起来就会萎靡不振；如果你很疲倦，就会显得无精打采；如果你感到生活无保障、事业无把握，那么你的体态就会很不舒展，甚至手足无措。你的仪态还能决定你身上服装的效果。如果你的举止给人以萎靡不振的感觉，那么即使穿着非常昂贵、合体的服装，也无法给人以好感（见图9-1）。

正因为身体语言如此重要，所以它被广泛地应用于管理、树立以及展示优秀的职业形象。美国心理学家埃克曼总结出身体语言的7项功能：提供信息；协助语言交流；体现亲和力；透露社会等级和地位；表现功能；影响情感；协助达成目标。心理学家马拉比则认为，身体语言还可以反映人与人之间的关系：是职业关系，还是亲朋关系；是上下级、师生关系，还是其他，等等。

图 9-1

身体姿势主要包括站、行、坐等几个方面。古人所说的"站如松，坐如钟，行如风"今天仍然可供借鉴。举止应该力求合乎法度，要率直而不鲁莽，活泼而不轻佻，工作时紧张而不惊慌，休息时轻松而不懒散，与人接触时礼节周到而不自贬身份。

身体语言要尽量表现得自信、放松和充满活力。

演讲者们都精于此道，他们在人前讲话时，一定会信心十足、大踏步地走向讲台，每一个动作都坚定有力，情绪也得到很好的控制。不是所有人都能做到这一点的。我曾与一位计算机博士共同参加一个招聘会，走进房间的时候，他习惯性地弓着腰，耷拉着脑袋，似乎还沉浸在昨晚的电子游戏中。事实上，他很紧张，手足无措，不知道如何直面那么多大企业。他盼望着有谁能走过来与他交谈，但很可惜，一个也没有。因为他向别人传递了一个很清楚的信息：我不舒服，我很紧张。

第 2 节　动作精炼，显示沉稳

如果你想让人觉得你是大人物或具有成为大人物的潜力，最好的方法就是减少身体动作，并将动作放慢。在很多电影中都有这样的场景：大人物，不论是好人还是坏人，强壮还是瘦弱，动作都是缓慢而且稳重的。在现实生活中也是如此，缓慢且稳重的动作，不论在视觉还是心理上，都可以让对方更尊重我们。

现代社会不再通过珠宝的分量来体现地位，但是肢体动作沉稳与否，仍然是判断一个人地位高低的有效依据。美国心理学家波德·怀斯特曾对一个青少年帮派的两位首领进行了长时间的观察，他想知道为什么这两位少年能成为领袖。其中一个首领口才出众，而另一个则是帮派中最沉默寡言的。后者在帮派中的地位绝不次于另一个首领。无论他要做什么，他只要用手一指，眼睛一望，或者一点头，小兄弟们就明白了，并且立即执行。

为什么他少言寡语却具有如此威望？经过一年的研究，波德·怀斯特发现，他是一个天生的身体语言专家。他从来没有多余的动作，每一个动作都只在必要时产生，而且动作沉稳。他从不随意抖动腿脚，从不抓耳挠腮；在交谈时，他能恰当地运用眼光和头部动作；他走路时，抬头挺胸，目光远视，俨然一副将军的气派；当他想结束与别人的谈话时，就抖动腿脚。虽然他说得少，但是效率却非常高。这种能力被心理学家称为"身体语言的领导力"。

无论在哪种团体当中，那些态度镇定、动作和缓的人，通常都是最难对付的。他们往往阅历丰富，头脑冷静，善于克制，办事能力强。他们处于强势的位置，熟悉整个局面并加以掌控，然后再据此采取行动。

如果你想为自己塑造一个沉稳、有力的形象，就要调整自己的动作，让动作精炼，让每个动作都是有效的。你要先让自己在心理上缓和下来，下意识地深呼吸，平静地看待周围的一切。当你的身体能流畅自在地活动时，你就能在身上建立一种镇静、自制的气质。在这样的气质烘托下，你就能够思路顺畅，口齿清晰，给人以沉稳、有力的印象。

与人交谈时，要保持头部的水平。如果头部向左侧或右侧倾斜，会让人觉得你是在寻求批准或有疑问；头部向前倾，会让人觉得你胆小、优柔寡断；向后倾又感觉很自大。你只要保持它的水平，像个"冷静的生意人"就好。另外，交谈时不要反复地点头，否则会显得很紧张、焦虑，或者像是要讨好对方。

与人握别时，不要一副迫不及待准备离开的样子。不要握一下就撒手，而要稍作停顿，花点时间将你移动的椅子放回原位，然后姿势端正地走向门口。

第3节　避免小动作

如果你想让自己的动作精炼，就要避免小动作。小动作十分常见，很难克服，必须随时加以注意，并养成好习惯。

当我们觉得疲惫、乏味或者心烦意乱的时候，容易做一些小动作，这些习惯会大大损伤我们的形象，但我们却往往察觉不到。从现在起，你应该努力发现自己身上的小毛病，尽量克制，假以时日，你一定会变得更镇定、沉稳。

不要当众抓搔身体。当众掏耳朵、挖鼻子、揉眼睛、搓泥垢、剔牙、咬指甲、修剪指甲、梳理头发、抓耳挠腮、把纸搓来搓去等，均属不文雅行为，应尽量避免。我们都见过一些人，他们小手指的指甲留得较长，以便用来剔牙、挖鼻孔、掏耳朵等。也有些人，无论看见什么小物件都喜欢拿在手中把玩，也许大家正在饮茶、吃东西，他却抓起牙签开始剔牙，令旁观者感到恶心。这是一个很不好的习惯。如果你非要做这些事情的话，就应该躲到没有人的地方去。在宴会上，如果你不得不剔牙，请不要露出牙齿，更不能把碎屑乱吐一番。你应该把头部偏向一边，用左手掩住嘴，吐出碎屑时用纸巾接住。有些头皮屑多的人，在公众场合也会忍不住搔起头皮来，弄得头皮屑随风乱飞，这不仅会使头皮屑落在你的衣服上，很不雅观，而且会令旁人大感不快。

不要当着别人的面打哈欠。打哈欠给对方的感觉是你对他不感兴趣，你很不耐烦。如果你真的忍不住要打哈欠，一定要马上用手遮住你的嘴，跟着说："对不起。"另外，如果你真的非常疲倦了，还不如直接结束谈话，说不定对方也很疲倦而且强忍着不打哈欠呢。

不要在人前频频看表。如果你没有要事在身，就不要在别人面前看表，否则对方会认为你急于脱身。如果你真的很忙或有其他重要约会，不妨直说，告知对方改日再谈，并顺便表示歉意。

在社交场合应尽可能避免打嗝、咳嗽、打喷嚏、抽鼻涕、放屁等行为。放屁是正常的生理现象，谁都无法避免。但是在公共场合，一个屁足以破坏整个气氛。

忌当众整理衣裤。在社交活动前，必须穿戴整齐。特别是出洗手间前，应该照照镜子，整理好服饰，切忌边走边拉拉链、扣扣子、擦手、甩水。

不要在公共场所吃东西，更不要过于热情地给人分享，也不要边走边吃。随时随地吃东西，尤其是在办公室吃东西，会使人显得很幼稚、缺乏敬业精神，不仅会损害个人形象，还有损单位形象。

切忌旁若无人，动作夸张。在公共场所手舞足蹈、高声谈笑是很不文明的，必须避免。要约束自己的手脚，管住自己的嘴，不要总是动个不停。如果必须在人群集中的地方交谈，应该言简意赅、低声细语，声音大小以不干扰他人为宜；但在朋友聚会和酒宴的场合，则要避免与人耳语。

在公共场合要管好各种杂物，不能随地吐痰，不能乱扔烟蒂、纸屑和其他废弃物，这些都是缺乏教养的行为。在允许抽烟的场合，要遵守抽烟礼仪，切忌不停地磕烟灰，或者对着别人喷吐烟圈。

第4节 握手

美国著名盲人女作家海伦·凯勒曾写道："我接触过的手，虽然无言，却极有表现力。有的人握手能拒人于千里之外，也有些人的手充满阳光，他们伸出手来与你相握时，你会感到很温暖……"

握手是日常交际的基本礼仪之一，在应该握手的场合如果拒绝或忽略了别人伸过来的手，是很失礼的。在以下几个场合应该握手：迎接客人时，当你被介绍给某人，当你向别人告别，在一次会面的开始和结束时，在任何工作场合，与朋友久别重逢时，拜托别人时，别人给予一定的支持、鼓励或帮助时。

人的嘴巴和表情可以说谎，但肢体语言很难说谎。和陌生人第一次握手，你的诚意和信心很容易让对方感受到；如果你是在虚伪应付，对方也能瞬间察觉。

优雅的握手姿态包括以下几部分：

在接触到对方之前，先停顿一下，保持一定的距离。握手双方的最佳距离为1米左右。距离过大，显得像是一方冷落另一方；距离过小，手臂难以伸直，也不太雅观。伸手的先后顺序应遵守"尊者决定"的原则，即尊者先行伸手，位卑者予以响应，贸然抢先伸手是失礼的。通常是长者、高职位的人或者女性先伸手，如果他们没伸手，对方应该等待。

右手大拇指朝上，虎口张开，以便你的四指与拇指能全部与对方的手握在一起（见图9-2）。

握手的力度要适当，过重、过轻都不宜，尤其是握女士的手时，更不能太重。握手要有一定的力度，它表示了你真诚、坚定和热切的态度；但不要握得太紧，好像要把对方的骨头都捏碎似的，显得你居心不良。

握手的时间通常是3秒钟到5秒钟。匆匆握一下就松手，显得仓促、没有诚意；长久地握着不放，又显得过于热情，未免让人

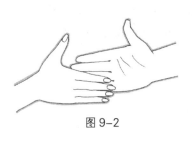

图9-2

尴尬。

握手时，要与对方目光接触，面带笑容，这显示了你对别人的重视和兴趣，也表现了自信和坦然，同时还可以观察对方的表情。一边握着对方的手，一边和第三者说笑，是最要不得的。

如果你的手容易出汗，千万要在握手前悄悄把汗擦干。谁也不愿意握着湿漉漉甚至黏乎乎的手。

如果需要握手的时候你正在抽烟或端着酒杯，如果右手正夹着烟，不要把烟叼在嘴上或换到左手，便将右手伸出去，而是应该把烟放在烟灰缸上，然后再和他人握手；同理，如果你端着酒杯，也不要随意地把酒杯转移到左手，然后伸出右手。如果你想表现出足够的尊重，就必须用右手握手，而左手则是空着的，而且不能插在口袋里。在商务酒会之类的场合，你应该尽量

图 9-3

让右手始终保持干净，随时准备与别人握手。一定要杜绝一手夹烟一手端酒杯的情况（见图 9-3），试想，一旦需要握手，你怎么可能不手忙脚乱？另外，在社交场合，人们应该站着握手，不然两个人就必须都坐着；如果在你坐着的时候有人来和你握手，你必须站起来。

如果你不想跟握手的对方有太多牵连，那么只要反其道而行：做个蜻蜓点水式的握手即可，不需要有眼神的接触。这些都视你要的效果而定。

第 5 节　眼神

眼睛是人类传递信息最有效的器官，眼神的运用在塑造交际形象中起着很重要的作用。

说话时请将你的脸面向对方，直视对方的眼睛，与他进行眼神的交流，这说明你是坦诚而值得信赖的。如果你眼睛看着对方，但脸却没有摆正，会显得鬼鬼祟祟，好像没把对方放在眼里；如果你的眼睛逃避对方的视线，则会给对方留下

自信心不足的印象，在不知不觉中降低自己在对方心目中的分量。

在交往中，地位高的、自信程度高的人容易比较长时间地凝视对方，而对方则容易躲避这种注视。眼神错乱说明心绪错乱，坚定的眼神则说明意志坚定，自然的眼神表示你很放松。空洞、惊慌以及躲闪的眼神都会让人对你有负面的观感。有些人习惯于看着对方脖子以下的地方，这会给对方留下非常不好的印象。

在人际交往中，视线的有意回避意味着有所掩饰或愧疚，此人的情绪可能很不稳定，或者性格不诚实，与这种人交往要谨防上当。值得注意的是，小偷及罪犯的目光通常是闪烁不定的，不会与人对视，因为他们并不希望人们记住他们。

稳定的目光接触是谈话的关键。不过，交流中的注视不是紧紧盯住对方的眼睛，这种逼视的目光是失礼的。在原始部落里，这种逼视意味着挑战。交谈时的目光应当呈散射状态，笼罩对方的面部；要随着话题的变换自然而然地做出调整，不要刻意。

在目光接触中，眼睛的转动是必不可免的。眼睛的转动不要太快或太慢，幅度不要太大或太小。眼睛转动稍快表示聪明、有活力，但太快则表示不成熟、轻浮，或者在撒谎；眼睛转得太慢也不好，会显得头脑迟钝、性格木讷。眼睛转动的幅度也要适度，幅度过大显得白眼过多，给人以不适的感觉；幅度过小则显得木讷。

眼神要与场合相适应。在庄重场合，不可东张西望，左顾右盼，否则会给人以一种局促不安、缺乏见识的印象。当与两个或两个以上的人共处时，不应只关照熟人或与自己谈得来的人，而冷落了其他人。

第6节　坐姿

坐姿是人际交往中最重要的人体姿势，要做到"坐如钟"，即坐时要像钟那样端正、沉稳（见图9-4）。别坐得太匆忙，像抢到地铁的一个空位一样；也不要坐得太深，尤其是沙发，以免给人以"身陷其中"的感觉。

图 9-4   图 9-5

　　入座时要轻、稳、缓，从座位左边入座，上身正直，轻稳地坐下。女士着裙装入座时，应用手将裙装稍稍拢一下再缓缓而坐（见图 9-5），不要坐下后再拉拽衣裙，那样不优雅。坐下后不要随意挪动椅子，更不能发出很大的声响；如果椅子位置不合适，必须挪动椅子，应当先站起来，然后再把椅子移至欲就座处，安排妥当后重新入座。坐在椅子上移动位置是有违社交礼仪的。

　　就座时，不可坐满椅子，但也不要过于谦卑，故意坐在边沿上。当然，如果与长辈、上司、贵宾交谈，可以只坐座位的二分之一，以示敬意。刚刚就座时身体可以稍微前倾，看上去更坦诚，然后根据情况平滑地靠向椅背，或者仍旧浅坐，这要视你所要达到的效果而定。

　　总的说来，要坐得抬头挺胸、双肩平正，但神态要放松。男士两膝间可分开一拳左右的距离，双脚可取小八字步或稍分开；也可以跷腿，但不可跷得过高，不可脚尖向上。女性的两个膝盖一定要并起来，如果要跷腿，两条腿也是靠拢的；如果裙子很短的话，一定要小心盖住。无论男女，谈话时应根据交谈者的方位将上身、双膝侧转向交谈者，上身仍保持挺直。

与初次见面的人谈话时，如果跷起二郎腿（见图9-6），会给对方留下坏印象，即使在其他方面的表现都很好也无济于事。此外还要坚决避免以下几种不良坐姿：就座时前倾后仰，或者歪歪扭扭，耸肩探头；两腿过于叉开或长长地伸出去，或者身体佝偻坐在椅子边上与人交谈；双手放在臀下，或者夹在双腿之间；腿脚不停地抖动，或者两脚在地上蹭来蹭去；小动作不断，捂嘴、摸下巴、摘眼镜，或者摆弄头发、手指、戒指等。

每一种坐姿都反映着某种性格和态度，你可以据此来塑造自己的某种形象。比如说，深深坐入椅内，腰板挺直，表示在心理上处于优势。

图 9-6

第 7 节　站姿

"站如松"，意思是站得要像松树一样挺拔，女性应是亭亭玉立、文静优雅，男性则是刚劲挺拔、器宇轩昂。良好的站姿会让人觉得生气勃勃、充满朝气和自信，萎靡的站姿则在告诉别人，此人情绪不稳定、缺乏自我认同感和自制能力、性格懦弱等。

有的人站着的时候喜欢垂肩、驼背、耷拉着脑袋，这副无精打采的样子表明他在生活中饱受挫折，是个不折不扣的失败者。成功者的站姿应该挺拔，即直立、肩平、挺胸、收腹、平视，整个形象显得很正直，就好像有一条绳子从天花板把头部和全身拉起来，感觉很高（见图9-7）。站立时切忌东倒西歪、弯腰垂头，或者无力地靠在墙上或者椅子上（见图9-8），这样的站姿会让人觉得你羞涩、懦弱、遇事退缩、容易击败。

站立着的时候，双脚应该小幅度叉开，站稳，不要轻易移动或晃动，更不要有多余的小动作。不过，也不必刻意保持同一个姿势不变，以免动作过于僵硬，

图 9-7

图 9-8

显得你很紧张。

在日常生活中，我们很多人都有这样的体会：在商场试衣间的镜子前穿上新衣服时，我们会下意识地抬头挺胸，发现新衣服真是不错；可是过后不久，就会发现新衣服不像在商店试衣时那么漂亮。这是为什么呢？这是因为你的背又驼起来了，身体也没有努力站直。

无论你站着还是坐着，想保持良好的姿势有以下几个注意点：第一，尽量拔高身体，就好像要用头部去顶某个物体；第二，将你的肩膀往后挺，扩大胸腔；第三，将腹部往脊椎的方向吸；第四，保持这个姿势，然后持续呼吸。

怎样才算站得笔直呢？你可以靠墙站直，脚后跟顶住墙，把手放在腰和墙之间，如果手刚好能放进去，没有多余的空间，那么就正好；如果有空间，那么你的腹部过于腆出了，需要收腹；如果没有空间、插不进手，那么你一定是在弯腰，需要挺直。

"抬头挺胸是你能做的最重要的事情之一。"杜克大学医疗中心女性运动医药课程主任托斯（Alison Toth）博士如是说。抬头挺胸能强化呼吸、改善循环，更有效地清除肺部的二氧化碳,让你的头脑充满氧气,这些都可以降低你的压力指数,让你更轻松自然。

没有人是天生完美的,如果你没有养成抬头挺胸的习惯,如果你站立的时候不能像松树一样挺拔,那么你就需要训练。也许长年累月的紧张和压力让你习惯于弯腰驼背、肩膀松垮、垂头丧气,这些姿态会让你更加消沉,而消沉的心态反过来亦会使你的姿态更加松垮。但这并非你的宿命。你应该全力以赴地改变这种姿态,必要的话,每天调整你的姿势100次,并想一个提醒自己的方式。例如,每当你听到电话铃声时,每当你离开座椅时,每当你疲倦时,就调整姿势一次,让这些事启动你的调整机制。

第8节　走路

美国曾有个叫作"如何像亿万富翁那样走路"的讲习班,主讲者是一位颇有经验的女士。她在纠正一个学员的动作时指出:"如果想拥有亿万富翁一样的风度,就要抬头、挺胸、腹部略微前倾,目光略微垂视,双脚略微呈八字,双手永远不要放在身体前面。"在讲座及训练后,学员们的每一个步伐都散发着"亿万富翁"式的泰然自若。对于追求成功的人来说,充分运用身体语言提高自己的形象是一个有效的手段。

要想像成功人士一样走路,除了上述几点之外,还有很重要的一点,就是放慢脚步。不徐不疾的步伐会使人看起来自信、冷静、镇定,心态从容,泰然自若;看起来有阅历、有思想;做事有计划、有重点,凡事都在掌握之中,一般不会说错话、办错事。事实上,放慢脚步还可以将因慌乱而犯错的可能性降到最低,并储存能量。

走姿是以站姿为基础的。如前所说,你应该想象有一条绳子从天花板垂下来拉住你的身体,使你很自然地抬头挺胸,浑身气息通畅。具体而言如下:

头正,双目向前平视,下颌微收,表情自然平和,面带微笑。

双肩平稳,双臂自然摆动,摆幅不超过30度,小臂不要向上甩动,手指自然弯曲。

上身挺直，挺胸、收腹、立腰，重心稍前倾。

脚尖正对前方，脚跟先接触地面，然后逐渐转移身体重心到前脚掌。两脚内侧的行进轨迹大致在一条直线上。

步幅适当，前脚的脚跟与后脚的脚尖相距约为一脚长，不过不同的性别、不同的身高、不同的着装，都会使步幅有所差异。行进的速度应保持均匀、平衡，不要忽快忽慢。另外，走路时不宜抬脚过高，但也不能给人一种"拖地"的感觉，显得没朝气。

总的来说，走路时最忌明显的"内八字"和"外八字"；不要低头驼背、耸肩晃膀；不要扭腰摆臀，左顾右盼；不要步子太碎或者脚擦地面；不要大甩手，也不要只摆小臂；不要双手插裤兜；多人一起行走时不要排成横队；不要像鸭子一样叉开双脚走；双手不要左右横着摆动，像小朋友走"一二一"；要因场地而及时调整脚步的轻重缓急，不要把地板踩得"咚咚"作响。

第9节　手势

手势可以协助沟通信息，加强语气，相当于讲话时断句或者强调重点。如果在交际过程中双手完全不动，往往会显得很紧张或笨拙；不过，如果身体很舒展、放松，体态沉稳，那么没有手势反而会显得更有分量。

打招呼、致意、告别、欢呼、鼓掌都有机应的手势，应该注意其力度的大小、速度的快慢和时间的长短。一般来说，速度越快，活动范围越大，表达的感情越强；反之就越弱。如果手势过硬，会给人以强硬、果断、有力的感觉，但缺乏温和；如果偏柔软，则体现柔和、恬静的情感。无论出于哪一种目的，手势的高度一般都不应超过对方的视线，不低于自己的胸部，左右摆动的范围不要过宽，应在胸前或右方（指右手做手势时）进行。

手势次数不宜过多，也不宜重复。如果在交际过程中动作过多、手舞足蹈，会给人一种浅薄、愚蠢的印象；如果总是重复一两个手势，人们就可能会认为这一两个手势是说话者紧张时的习惯动作。另外，在讲到自己时不要用手指自己的鼻尖，非要有所表示时可以用手掌按在自己的胸口上；谈到别人时，不可用手指指他人。

手势应该自然、流畅，不能造作，否则会破坏气氛。所以，我们应该学习使用一些手势来加强自己的形象，但是要适可而止，以免过犹不及、适得其反。

TIP

本章要点

★美国心理学家埃克曼总结出身体语言的7项功能：提供信息、协助语言交流、体现亲和力、透露社会等级和地位、表现功能、影响情感、协助达成目标。心理学家马拉比则认为，身体语言还可以反映人与人之间的关系：是职业关系，还是亲朋关系；是上下级、师生关系，还是其他，等等。

★身体姿势主要包括站、行、坐等几个方面。古人所说的"站如松，坐如钟，行如风"今天仍然可供借鉴。举止应该力求合乎法度，要率直而不鲁莽，活泼而不轻佻，工作时紧张而不惊慌，休息时轻松而不懒散，与人接触时礼节周到而不自贬身份。

★身体语言要尽量表现得自信、放松和充满活力。

★如果你想为自己塑造一个沉稳、有力的形象，就要调整自己的动作，让动作精炼，让每个动作都是有效的。你要先让自己在心理上缓和下来，下意识地深呼吸，平静地看待周围的一切。当你的身体能流畅自在地活动时，你就能在身上建立一种镇静、自制的气质。在这样的气质烘托下，你就能够思路顺畅，口齿清晰，给人以沉稳、有力的印象。

★如果你想让自己的动作精炼，就要避免小动作。小动作十分常见，很难克服，必须随时加以注意，并养成好习惯。

★"抬头挺胸是你能做的最重要的事情之一。"杜克大学医疗中心女性运动医药课程主任托斯博士如是说。抬头挺胸能强化呼吸、改善循环，更有效地清除肺部的二氧化碳，让你的头脑充满氧气，这些都可以降低你的压力指数，让你更轻松自然。

★手势应该自然、流畅，不能造作，否则会破坏气氛。所以，我们应该学习使用一些手势来加强自己的形象，但是要适可而止，以免过犹不及、适得其反。

第十章

10

工作和生活中的礼仪

无论是在职场还是在生活中,都要注意两个方面:一方面,必须有主见、坚持原则、敢于开口、不怕冲突,这是"硬"的一面;另一方面,要宽容、随和、善于变通,这是"软"的一面。刚柔相济、软硬兼施、亦方亦圆,才能树立起既威严可靠又亲切随和的形象。

第1节　守时守约——树立可信形象的首要原则

会面之前要充分准备

小胡与一位新客户约定，星期二上午9：00见面，可是他8：55才急匆匆跑进会议室，气喘吁吁、大汗淋漓。他满怀歉意地对客户说了声"对不起"，然后坐下来，先擦汗，再打开公文包，却发现里面的文件乱糟糟的，连已经作废多日的旧文件也夹在里面；好不容易把这次会谈所需的文件找出来，却已经超过了预定的时间；更麻烦的是，由于没有事先阅读这些资料，他不知道自己该怎样展开会谈。

这样的会谈，其结果可想而知。也许在小胡翻腾公文包的时候，客户已经做出了决定：这个小伙子事业心不强，做事不周到、没条理，不值得信任。

不论是商务约会、工作面试还是宴会，你都需要事先做充分的准备。整理一下你可能需要的文件，还要带上笔和记事本；名片是必不可少的，注意别把已经作废的名片带过去；所有这些东西都要放在特定的地方，以便随时取用，这样可以节省时间和精力，还可以避免出错。除了要整理好所需的物品之外，也要整理好你的思绪：这次会面的目的是什么？可能出现什么问题？如果顺利，下一步怎么做？如果不顺利呢？……对这些问题的思考会促使你做出进一步的安排，使你在与人交往或谈判时气定神闲，从容不迫，取得最佳效果。

小周星期四上午10点有一个工作面试。在此之前，她通过网络、报纸、朋友等各种渠道了解了公司的情况，打电话询问公司的详细地址，估算到达公司所需要的时间；不但如此，她还与前台秘书进行了简单交流，知道了秘书的名字，甚至还打听到了一点面试官的情况。

9：55，她到达公司前台，轻松愉快地向前台秘书问好，并准确地喊出了秘书的名字。秘书非常高兴，热情地把她带进办公室。在随后的面试中，由于她事先已经想到了会问的问题，并做了充分的准备，所以表现非常得体，给面试官留下了十分深刻的印象。面试的结果可想而知，一个星期后，小周到这个公司上班了。

以上两个例子讲的是工作会面，其实生活中的聚会也大同小异，如果在出发前做充分的准备，肯定会更圆满。"凡事预则立，不预则废。"为了树立自己从容优雅、体贴周到、精明强干、值得信赖的形象，我们必须养成做计划的习惯。有的时候，我们甚至要用纸笔来做提示性的记录，以确保在会面时的言谈举止干净利落、有条不紊。另外，如果你所带的资料比较繁杂，那么就应该归纳重点，以免在会面时给人以不分轻重缓急的感觉。如果你有求于人，那么对方往往具有一定的社会地位或能力，这样的人往往洞察力很强，你的任何表现都逃不过他的眼睛。

记得预约时间

现在的人都很忙，连娱乐和休闲时间都安排得紧紧的，不愿意受到突如其来的干扰。所以，如果你想与某人见面，一定要事先约定，千万不要贸然上门，否则很可能给人带来难堪，令人对你的造访产生抗拒心理，这对以后的交往很不利。

现在通信发达，如果你要约见某人，只要提前打一个电话就可以。我们每天都会接到不少电话，对不知名电话已习以为常，对陌生的约见也不会太介意。在约见电话中，你还可以进一步征求对方的意见，了解一下对方能给自己多少时间谈话，什么时间结束等，使对方有个准备。这样的电话可以充分表现你对对方的尊重，他还没见到你，就已经在心目中留下了你懂礼貌、通人情的良好印象；另外，这样的电话会帮你塑造一个礼仪周全、简洁干练的好形象，更容易吸引工作上的合作者。

与人会面之后，往往还要约定下次见面的时间。有些人会很"慷慨"地表示，什么时间都可以，而另一些人则要翻一翻记事本，然后才决定哪个时间可以。一般情况下，前者会给人以"无能"或"无所事事"的感觉，无意之中降低了自己的形象；后者会给人以能力很强的印象，更容易赢得对方尊重。边看记事本边约定时间，还可以给对方留下谨慎、守时的好印象。事实上，有些推销员即使明知自己某一天完全空闲，在与人约定时间的时候也会掏出记事本，"确定"一下自己那天是否有空。

如果你想表现自己由于工作能力强而很忙，就必须懂得一些技巧。有些缺乏经验的人喜欢把"我最近忙得一团糟"当作口头禅，但是这种做法很可能适得其反：为什么这么忙，而且"一团糟"？是不是工作能力不够强的缘故？忙什么，是真忙吗？

过于强调自己很忙，有时候会收到不良的效果。为了避免这种失误，可以采用另外一种方法。与人约定时间时，不说"几点见"，而说"几点几分见"，比如不说"十点多见"而说"十点十分见"，以此表示自己事务较多，时间安排得很紧凑。这会让人联想到你工作能力很强。如果一个人喜欢用"十点钟左右见"之类的措辞，会给人一种马虎的印象，久而久之，他就与"干练"的形象无缘了。

言必信，行必果

"言必信，行必果"是人际交往的一条重要原则。不要轻易许诺，而一旦许诺，除了不可抗拒的干扰外，就一定要实践诺言。遵守诺言包括很多个方面，其中最重要的是遵守时间。当今世界是竞争和讲究效率的时代，时间就是效率，时间就是金钱，时间就是信誉。与人约定时间之后，必须要准时，不能迟到，但也不能很早就到。如果约定的时间是两点整，你三点钟才到，当然是失礼的；但如果一点钟就到了，别人还在忙自己的事，被你打断，也是失礼的。

我们往往通过细节判断对方的人格，如果对方留下遵守时间的印象，你自然地会相信，他的人格也如同他遵守约定的行为一样可靠，因而可以考虑进一步交往或者合作。可惜的是，我们周围总是有很多人不遵守时间。这些人似乎根本不把别人的时间当回事，对他们来说，迟到十分钟不算晚，迟到半小时无所谓，晚一两个小时在情理之中，说声"对不起"似乎就应该原谅。有的人甚至会完全忘记有这么个约定，如果你指责他，他还可能说你"太刻板""太生硬""不够灵活变通"。

这种过于"灵活"的人，是一定会被摒除在社交生活之外的。浪费别人的时间是不可取的行为，一方面意味着对别人的不尊重，另一方面也暴露了自身能力的低下。一个不遵守时间的人是不可能合理规划事业和生活的。与这样的人交往会浪费你很多时间，失去人际交往的乐趣；与这样的人合作会危机四伏，说不定哪个环节就出了差错。

为了避免约会迟到，最好提前计算清楚路上所需要的时间，连可能堵车的时间也要计算在内。如果是由自己主动邀请的约会，必须比约定的时间提前10分钟到达，以表现出自己的诚意；如果是受到邀请的一方，也应该比约定的时间早到5分钟至10分钟，以示礼貌。另外，提前到达还可以让自己先适应一下环境，减少紧张感。

如果由于意外事件不能赴约，一定要提前通知对方，并对自己不能赴约表示歉意。最好能提前24小时通知对方，以便对方安排其他事务。如果对方已经为你安排了位子（比如看电影），你就更要提前通知，以免破坏主人的安排，甚至造成尴尬。如果你因为某种特别的原因，直到最后一分钟才决定不去，而且无法通知对方，那么第二天一定要解释和道歉。

如果你能够赴约，但是估计自己要迟到，请及时通知对方，告诉对方自己预计到达的时间，并对自己的迟到表示歉意。新的时间应该定在自己肯定可以赶到的10分钟之后，这样可以给自己留点余地。比如说，一对情侣，原本约定在晚上8点见面，可是男方必须加班，因此要迟到30分钟。男方知道这一点，可是他为了不让女友生气，就打电话安慰说，他可能会迟到20分钟左右。结果呢，他迟到了30分钟，本来就不高兴的女方更加生气。在我们的工作、生活中，类似的事情时有发生。有些人为了减少对方的反感，会尽量把迟到的时间说得短一些，而这种做法适得其反。就上述例子来说，没有按时赴约又更改时间，已经很失礼了，可是更改时间后又迟到，给人的印象就更恶劣。

迟到之后，最忌讳不断地赔罪（见图10-1）。刚刚落座就慌慌张张地道歉，并说出一大堆理由，比如路上堵车了、被朋友缠住了、老乡来了、孩子病了等。你想想，这副样子是不

图 10—1

是显得很被动，啰里啰嗦地说出一堆辩解的话，会强化对方在等待过程中产生的消极情绪。也许对方想早一点进入正题，尽量把浪费的时间抢回来，根本不想听你的辩解。如果你们是初次见面，对方并不了解你，听了你凭空说出的那些辩解之词，会觉得你是个巧言强辩的人，而且不能为自己的行为负责。

如果你对自己的迟到感到抱歉，就应该站在对方的立场考虑一下问题。也许你会发现，对方对你的迟到是宽容的，你无须过多辩解。你应该坦诚而简短地道歉，然后询问对方是否因自己的迟到而改变计划、还剩下多少时间等。只有这样，才能挽回你的迟到所造成的消极影响。

遵守约定，并不仅仅指约会不迟到。承诺别人的事情，一定要在规定的时间内完成；如果不能完成，要预先通知别人，不要拖拉，否则会留下不守信誉的印象。另外，无论借钱借物，都要按时归还。即使与人做小小的约定，也同样要依约履行，这样才能建立言出必行、一诺千金的形象。

第2节　做事简洁

要循规蹈矩

遵守上班时间。上班不要迟到，最好比规定的时间早一点到办公室。如果快要迟到了才匆匆忙忙跑进办公室，那么无论你有多强的能力，都会被认为不敬业，在起点上就输给了别人。不迟到，不早退，是上班族要遵守的最低限度的条件，也是你建立"好员工"形象的基础。

在工作时间不能处理私事。不要因私事而带亲朋好友来单位，因为这样肯定会影响工作，即使不同亲朋好友谈话也会分心。另外，工作时间不要打私人电话，更不能旁若无人地煲电话粥。

保持办公室的整洁。办公桌上的物品，比如笔座、便条纸、资料、文件、订书机等不能过多，更不能乱放一气。办公桌要时刻保持干净、整洁、井井有条，这样可以给人留下热爱工作、有条不紊的好印象，更容易赢得同事和上司的信任。除了办公用品，也可以根据企业形象和办公室的空间大小，选择一些装饰品装点在恰当的地方，但格调要高雅，以优雅、宁静为主，不要为了标新立异而摆设过于古怪或恐怖的物件。

有的时候，我们不得不在办公室进餐，那么一定要尽快吃完，并处理好用后的餐具。一次性餐具应该立刻扔掉，不要扔在办公室的纸篓里，而要扔到办公室外面的垃圾箱里，以免影响办公室里空气的清新。

在办公室里，服饰要与周围环境相协调，以体现朴素、简洁和精干为宜。如果单位要求统一着装，那么很好办。如果不要求统一着装，就应该选用较为保守的服装，男士以西装为宜，可以是正装，也可以穿休闲西服；女士着装要朴素大方，不要过于夺目。在办公室里切忌随意着装，最好不穿背心、短裤、凉鞋或拖鞋，也不适合赤脚穿鞋。女职员最好不要在办公室化妆，更不要在办公桌上摆满化妆品。

极高明而道中庸

在职场上，要想树立有才识、有品德、有能力的形象，就要学会发出自己的声音，不要人云亦云。如果习惯于重复别人的声音，就很容易被忽视，职位很难提高。无论在什么样的单位，都无法避免冲突，这种冲突有时候是正常的，也有时候是恶性的。无论在如何复杂的冲突中，一个人都应该有自己的立场和见解，如果总是表现得"很骑墙"，就会被人认为缺乏主见或者阴险狡诈，这两种形象都很不利于事业的发展。有些人总是想做"好好先生"，其实所谓的"好好先生"往往是毫无主见且不中用的人，很难担当重任。

敢于发出自己的声音有利于树立自己的形象，但是要把握一个度。应该尽量避免与人冲突，切忌把与人交谈当成辩论比赛。与人相处要友善，让人觉得有亲切感，即使身处高位，也不能独断专行、颐指气使。对于那些原则性并不很强的问题，没有必要争论不休。喜欢逞强的人是不受欢迎的。

无论是在职场还是在生活中，都要注意两个方面：一方面，必须有主见、坚持原则、敢于开口、不怕冲突，这是"硬"的一面；另一方面，要宽容、随和、善于变通，这是"软"的一面。刚柔相济、软硬兼施、亦方亦圆，才会赢得敬重和欢迎，形成众望所归的局面。这与"极高明而道中庸"里的意思不谋而合。只有把握好中庸之道，才能树立起既威严可靠又亲切随和的形象，而这种形象必然带来事业和生活上的成功。

职场是一个复杂的地方，所以才会有"办公室兵法"方面的书出现。办公室里的人际关系要小心对待，其原则如下：适当地赞美他人，不搬弄是非，不参与是非。一句由衷的赞美或一个得体的建议，会让同事感觉到你的善意，使你们之间的关系更加融洽。需要注意的是，不要盲目赞美或过分赞美，这样容易有谄媚之嫌。另外，要想树立亲切可靠的形象，还要远离是非。心理学家的调查研究告诉我们，只有1%的人能够严守秘密，所以，当个人生活出现危机时，最好不要随便找人倾诉；如果对老板、同事有意见，更不要在办公室里与人随意谈论；同样，也要避免参与别人对一些敏感话题的讨论，避免在背后议论同事的隐私。

另外，同事之间要尽量避免金钱来往，如果避免不了，一定要一清二楚，切忌马虎大意。借别人的钱（物）一定要好借好还，如期结清（归还），即使是小的款项也不例外。一定要主动给对方写借条，免除对方的后顾之忧，增强自己的可信度。还钱的时候，一定要准备好准确的数额，避免找换余额，因为找换余额的过程可能是烦琐和令人尴尬的。而如果你能够避免这种尴尬，这会强化你可靠而严谨的性格特征，别人会觉得与你打交道很愉快。如果所借钱物不能及时归还，你应该每隔一段时间向对方说明一下情况，争取对方的谅解。当然，最好是及时归还。不过还有更完美的做法，就是合理规划自己的钱款，避免钱款往来。作为在社会上工作的人，应该在身边多带些钱，假如身边现款不方便，就不要参与分摊钱的事。要知道，即使"好借好还，再借不难"，但如果你经常向别人借钱，也会损伤你的形象，让人觉得你缺乏能力。

第3节　公共场合礼仪

在影剧院

去影剧院看节目，应提前或准时到达，这样你就不会因为找座位而打扰他人。如果已经迟到，最好在幕间入场。如果没有幕间休息，应悄悄地行走，走过别人的座位时，要为你挡住他们的视线而道歉。坐下后，戴帽的应脱帽，坐姿要平稳，不要左右晃动，也不要把椅子的两个扶手都占用了。

影剧演出中要保持安静，入场前一定要关掉手机或调到震动挡。不能在演出场所内吸烟、吃零食和嗑瓜子，不要大声谈笑，更不要因为自己知道剧情就随便插话或者给他人讲解。某些人有唠唠叨叨的习惯，在影剧演出中也忍不住，他们会压低了嗓子说话，但是这一点点声音照样会影响旁边的人。

如果要打哈欠，应该用手挡在嘴上；如果要打喷嚏，一定要用手时遮挡，以免喷在前面观众的脖子上。在音乐厅，连大声的咳嗽也是不允许的，如果你的喉咙不好，试试尽量吞口水。如果真的有很多痰，应该吐在纸巾上，放好，等离开音乐厅之后处理掉。我们注意到有些音乐会的老听众，他们在演奏时翻看节目单都是小心翼翼的，尽量不发出一点声音。的确，即使是最小的声音、最短暂的声音，也可能影响别人。

如果要提早离开，那么你要等到剧目间隔时段或幕间休息。在演出中离开剧场容易使演员分心，而且非常不礼貌。如果你早知道自己要提早离开，就应该尽量坐在最靠边的位子上，或者站在最后一排。

在公共交通工具上

无论是在车、船还是飞机上，都有一些基本的规矩。要注意仪表，最好不要穿拖鞋、背心、睡衣等；不要吃带壳或需剥皮的东西，不要携带鱼、肉等有异味、易污染的东西，如果可以带而且不得不带，一定要妥善包装，不要污染环境；雨天乘车要迅速脱去雨衣，雨伞的尖端要朝下，免得沾湿、戳伤别人；如果你伤风感冒，那么在咳嗽或打喷嚏时一定要注意，以防传染他人；不要随地吐痰，如果非吐不可，要把痰吐在纸巾里，等下车后扔进垃圾箱。

有些人喜欢整天嚼着口香糖，嚼的时候还要发出声音，嚼完之后随口乱吐，这是一种缺乏修养的表现。新加坡政府明令禁止在公众场合嚼口香糖，其中一个原因就是人们会把嚼过的口香糖随地乱吐，很难清理。我们时常在广告中看到某人大嚼口香糖的"潇洒状"，在现实生活中，这种举动并不受欢迎，而是被当作不成熟、不沉稳的表现，是年少无知才做的事。口香糖也许有利于口腔卫生，但是咀嚼的时候应该闭上嘴，不发出声音，尤其不要一边交谈一边咀嚼。嚼过之后的口香糖要包起来，扔到垃圾箱里。

随着中国的经济发展，人们的生活质量在提高，外出旅游越来越普遍。旅行时轻装便行非常重要，可是有的人不明白这点，一出门就大包小包好几件，每件都不大，忙得十个手指都抓不过来，这样既不方便又容易遗失物品，而且给人以一种仓皇出逃似的感觉（见图10-2）。真正有经验的旅行者绝不这样，他们会在出门之前根据所带物品的数量选择体积相当的旅行包，而且会在装箱时留有一定的余地，以备途中临时增加物件；有的人会随身携带一个很薄的、可以折叠的行李袋。

图 10-2

关于吸烟

吸烟是导致癌症、肺病、咽喉病的重要原因之一，还会严重污染环境，损害他人健康。在很多公共场所以及交通工具上，都不准吸烟；很多大公司不仅在办公室内不准吸烟，甚至一进入大楼就不许吸烟。吸烟所造成的害处也尤为严重。吸烟会引起多痰，吸烟者更容易咳嗽，也更容易忍不住随地吐痰；吸烟会使牙齿变脏、颜色变黄，使口腔气味难闻；吸烟还会影响身体健康，对皮肤和气色也有破坏作用。很多人不喜欢客人在自己家里吸烟，如果你在别人家做客却忍不住烟瘾，往往要以牺牲自己的形象为代价。即使主人对你是宽容的，但他仍然会不自觉地产生不愉快的体验。在餐馆里，即使在吸烟区，你也要问你的朋友是否介意你吸烟，这是礼貌。在当前中国的大城市里，吸烟的害处已经越来越受到重视，而且吸烟的人越来越少，吸烟已经越来越远离"时尚"了。

第4节 手机使用的礼仪

小李正在参加一个规格很高的商务午餐，突然公文包里的手机响了。虽然他压低了声音，可是大家已经在抬头看他，同伴们也停止了谈话。在牙医候诊室，有人掏出手机，旁若无人地大声谈论一份新合同，其他的病人纷纷扭头观望。

有必要提醒那些携带手机者：在某些场合，包括会议室、课堂、图书馆、美术馆、影剧院、音乐厅等处，你不能旁若无人地打手机！最好是关机，万一你事务繁忙，不得不将手机带到社交场合，你就应该把手机调到震动状态，绝不要让它发出铃声！如果必须接听某个电话，应该找个安静、人少的地方，并控制自己说话的音量。如果在餐桌上、会议室等处通话，应该尽量使你的谈话简短，以免干扰别人，否则会让别人觉得你的注意力不在他们身上，有些三心二意。另外，切忌堵在楼梯口、路口、人行道等人来人往之处旁若无人地打手机。

手机的使用会分散人的注意力，还会产生电磁波，所以在使用手机时必须安全至上，切勿有章不循、有纪不守。不要在加油站、面粉厂、油库等处使用移动通信工具，免得它们所发出的信号引发火灾、爆炸；不要在病房内使用移动通信工具，以免其信号干扰医疗仪器的正常运行，或者影响病人休息；不要在飞机飞行期间启用手机，否则极可能会给航班带来危险。

手机可以放在随身携带的公文包内，如果要放在上衣口袋里，一定不要影响衣服的整体外观，否则会显得邋遢。

在当前的中日韩等亚洲国家，手机已经成为一种很重要的玩具和饰物，于是产生了很多关于手机的潮流。对于成年人来说，追随这些潮流可能会在旁人心目中造成负面印象。本书的目的是帮助你树立一个性格成熟、做事干练的成功人士的形象，而不是一个单纯追随时尚的人。对于追求成功的你来说，手机是一种工具，而不是一个玩具。正因为这个原因，男性的手机上最好不要悬挂饰物，否则容易显得幼稚；女性在这方面也要适可而止，简洁大方才是最有利于工作的形象。

第5节 饭桌上的礼仪

中国特色的交往方式——吃饭

今天，大量的生意是在饭桌上谈成的，不少的朋友也是在饭桌上结识的。当我们坐下来一起进餐的时候，就是在了解对方，展现自己，有时候还要就某些问题进行协商。饭局是将你和那些在职场上能够帮助你的人联系起来的地方，目的是建立良好的关系，只不过地点改在了餐厅而已。在饭局上，平时难得一见的老板可以和你面对面地交流，平时工作中很尖锐的问题可以在融洽的气氛中更好地商谈，这些都意味着机遇。在饭局中的得体表现，会强化别人对你的良好印象，扩大你的交际范围，促进你的事业发展；相反，如果你的言行举止不得体，那么你的某些缺点就会被放大，给人留下更深的印象。你可以想象一下，如果你的进餐伙伴毫不谦让地抢过面包篮，或者把食物都往自己嘴里塞，那么你肯定会得出结论：这是一个粗鲁而缺乏教养的家伙，与这样的人合作、交往不会有什么好结果。

就餐之前

如果你是主人，应该提前至少10分钟到达餐厅；如果你是客人，应当准时或提前5分钟到达。女士在赴宴时不宜使用气味过浓的化妆品和香水，以免香味盖过菜肴；在用餐前应先将口红擦掉，以免在杯子或餐具上留下唇印。到了餐厅之后，客人要跟主人打招呼，同时要向其他客人点头示意或握手寒暄，不管相识与否。言行要自然、大方，使赴宴者对你有"互不见外、情同一家"之感。坐下后，应该把随身携带的包放在椅子旁边，而不是桌子上。在等候其他客人的时候，可以先喝饮料，但不要动桌上的其他东西，务必保持桌面的整洁。

客人入座时要听从主人的安排。在大型宴会中，设于台下最前列的一二桌是专门给主宾准备的，普通客人不能贸然入座。如果是小型宴会，只有一个圆桌，那么在主人两旁的座位为上座，除非得到主人邀请，否则不要占用此座。入座时，应从自己行进方向的左侧就座。拉出座椅时要用双手，轻挪轻放，不要一手拎起或举起座椅，让周围人担惊受怕，也不要把桌椅搞得响声很大。如果有长者、职位高者、嘉宾或女士要坐在你旁边，你应该为他们拉出座椅，协助他们坐下。

　　就座后，椅背不要距离餐桌过近或过远，一般以 20 厘米左右的间隔最好。坐姿要端正，不要紧靠椅背，也不要把椅子前倾或后翘，致使椅子的两前腿或两后腿悬空。不要两腿摇晃或头枕椅背伸懒腰，双臂不能放在桌上或铺得太开，不能用手托腮。不要动餐桌上的一切器具，也不要向周围的人咨询："今天有什么菜？"

如何点菜

　　每个人的口味不同，有人喜欢喝汤，有人喜欢吃炒菜，有人爱吃麻辣味的，有人喜欢清淡口味，还有人吃素，再美味的肉类也一概不碰……如果你宴请别人吃饭，一定要事先了解各位客人的口味。你要照顾到所有的客人，如果有的客人点了酒精饮料，你就应该考虑是不是要点一份软饮料以作补充。作为客人，不要点菜单上最贵的菜，也不要点两样以上的菜，除非主人盛情邀请你多点几个；但是也不要只点最便宜的一道菜，以免给人以一种拘束、胆怯的印象，或者让主人误以为你怕他花不起钱。点一两样中等价位的菜是比较恰当的。对拿不准的菜最好问问服务生，但不要对菜的烹制追根究底。

　　与别人一起吃饭时，如果总是不能决定自己要吃什么，会给人留下判断力不足的印象。有些人费了很长时间终于决定了自己要吃什么，却又要求取消并更换其他的东西。这会给人一种很坏的印象：如果连吃什么都要犹犹豫豫、反复无常，那么面对重大的问题时又会如何？

进餐礼仪

　　席间要与来客互相谦让，对老人、小孩要主动照料，以增加宴会的和谐气氛。一道菜上桌后，不要急着取食，而应等主人或长者先动手。有的菜需要使用公筷或公用调羹，不能随便把自己的筷子伸进去。不管上什么样的菜，合不合你的口味，你都要吃一点，这是做客的礼貌。不要老吃自己喜欢的菜，应随着餐桌上转盘的转动就近取食。取食要适量，不可挑挑拣拣，夹起又放下；更不要刚把夹起的菜放到自己的菜盘中，又伸筷夹另一道菜。不要反复劝菜，也不要代人夹菜，因为很多人会觉得这样不卫生。端碗时，不要大把托着。

用餐的速度应与他人保持一致，过快或过慢都不太合适。速度太快显得狼吞虎咽，而太慢有可能吃不饱，因为在大家都已经停筷之后继续进食是令人尴尬的。吃东西时，尽可能把嘴闭合，注意不要发出很响的咀嚼声。喝汤要用汤匙，不能端起碗来喝。第一次舀汤宜少，浅尝测试温度，即使汤很烫也不要搅和或用嘴吹；接着舀汤的时候也不能太满，以免洒在桌子上；喝汤的时候不要急，更不能喝得呼呼作响。其他食物也是如此，太热时不宜急着动口，可稍凉后再吃，不要用嘴吹。

如果上鸡、鸭、鹅、鱼、全猪、全羊等有头有尾的菜或椭圆形菜盘，头的一边或椭圆形菜盘长轴的方向，一定要朝向正主位。在比较正式的宴会上，骨头、鱼刺之类残渣要先吐在自己的勺子中，再放在自己的碟子或盘子里。如果不是那么正式，也可以把残渣直接吐在盘子里。

在餐桌旁坐定之后，最好安分守己地把双手放在餐桌边缘，或者放在大腿上（见图10-3）。不要把手肘撑在桌面上，因为这会占用过多空间，显得对别人不敬；也不能把手端在胸前、抱在脑后、插在口袋里，或是随意扶在他人所坐的椅背上。在暂停用餐时可以把双手放在桌面上，因为这是与人热烈交谈时最自然的姿势；你也可以把双手放在桌面下的膝盖上，保持自然平和的状态，不管怎样，这要比手足无措好得多。

图 10-3

就餐禁忌

在中国几千年的饮食文化中，如何使用筷子形成了固定的规范。第一，忌敲筷子。不能用筷子敲打碗盏、茶杯或桌子。第二，忌掷筷子。发放筷子时，要把筷子一双双理顺，轻轻放在每个餐位前，距离远时可请人递交，不能随手扔过去。第三，忌叉筷。筷子不能一横一竖交叉摆放，也不能一根大头朝上一根朝下。第四，忌插筷。筷子要轻轻搁在桌上或餐碟边，不能插在饭碗里，像烧香一样。第五，忌挥筷。不能抓着筷子挥来挥去抢吃的，遇邻座夹菜要避让，谨防筷子打架；在谈天时，不要把筷子当作道具做手势。

在宴会上有很多禁忌，进餐礼仪是否周全，关键就是避免这些禁忌：

不要把餐具弄得叮当作响。应该轻拿轻放，不要打扰别人。

不要在餐桌上清嗓子、擤鼻涕、吐痰。此类举止不但有碍观瞻，而且倒人胃口。如果你忍不住要打喷嚏或咳嗽，应该马上把头向后，用毛巾或以手掩口；如果赴宴前已经伤风感冒，最好不要前去赴宴，以免失礼。

不要用手直接取用菜肴。不论是中餐还是西餐，绝大多数菜肴的取用均须借助餐具，直接伸手去抓是失礼的。如果有些菜肴你没见过，不知道该用什么去取，不妨耐心等一会儿，先看看别人是怎么操作的。

不要站起身来取菜。想吃自己够不到的菜时，可以请侍者或周围的人帮一下忙，然后说一声"谢谢"。千万不要站起身探着身子再伸长胳膊去夹菜，更不要离开自己的座位走过去，否则你的形象就彻底败坏了，旁人会觉得你毫无教养、任性无礼，认为你是个没见过世面的家伙。

不要口含食物与人交谈。食物进口后不准吐出来，因此吃东西应当一次一小口，以免别人找你说话时你无法应酬。当然，如果对方在你口含食物时找你聊天，这说明他也不是很懂得宴会的礼仪。

不要弄得满脸油污，更不能这样与人交谈。在用餐过程中，如果你准备与人寒暄，务必要用纸巾先揩干净嘴角，如果脸上有汗也要擦拭干净。当你的嘴角粘着饭粒或汤水的时候，是很不雅观的。

切忌在餐桌上过于细致地擦脸、整理发型或补妆。在餐桌上要注意仪表，但必须适度，否则会让人觉得浅薄轻浮。

不要"品味"餐具。不要端起碗、盘吃饭和喝汤，也不宜低下头去俯就食物；切勿连舔带吮，也不能把勺子之类餐具长时间地含在嘴里，像是含了一根棒棒糖。这类做法令人作呕，像是缺乏教养的儿童。

不要在就餐过程中当众宽衣解带。有的人在宴会上吃得开心了，喜欢放松腰带、撸起袖子，甚至挽起裤管、脱下皮鞋，以便"赤诚相见"。这样的做法是很冒失的，除非在座各位亲如兄弟，否则一定会有损于形象，甚至还会得罪人。

掉到桌上、椅子上、衣服上或地面上的任何食物，都不可捡起来再吃；掉到地上的餐具也不能捡起来再用。如果还需要用餐具，叫服务员换一副上来就可以。

不要当众剔牙。餐桌上一般都备有牙签，但不是非用不可，而且应该尽量不用。如果不得不用，应该用手或餐巾挡住。剔出来的东西应悄悄处理，切不可当众"观赏"，也不能随手一弹，使其去向不明。牙签用完之后应该立即取出，不要叼在嘴里恋恋不舍。

用餐期间不要"埋头苦干"、不搭理任何人。宴会是一种社交形式，不应该一言不发。在许多宴会上，主人往往把身份、地位相近的人安排在一起，以便商谈；或者有意将不相识者组织在一块儿，以便大家相互结识。对于这个好机会，主动放弃就是太可惜了。

在宴会上谈论的内容应当令人愉快，不要提及那些让人倒胃口的内容，比如死亡、疾病、令人厌恶的动物等刺激感官的事物。如果你想去洗手间，用不着告诉大家，也不要约人同去。如果不得不说一下，不妨可以说"出去有点事情"或"去打一个电话"。

饮酒礼仪

宴会上，酒往往是必不可少的，所谓"无酒不成宴"。在宴会上彼此敬酒致意，可以融洽感情，营造轻松、友好的气氛。很多平时难办的事情在宴会上更容易办成，就是因为酒的作用。

饮酒虽好，但不能贪杯，否则不但办不成事，还会毁坏你的形象。通过饮酒能考查一个人的自制力，其在一定程度上能反映出此人素质的高低。古人云："君子饮酒，三爵而止。"就是说，饮第一杯酒，表情要严肃恭敬；饮第二杯时，神色和气恭敬；待饮第三杯，要神情自然，知道进退。酒量有限却不知节制，就叫失态。我们现代人不必像古人那样"三爵而止"，但也应该适可而止，否则会给人一个意志薄弱、不知节制的坏印象。

饮酒有很多讲究，本书在这里只讲最基本的。

首先是斟酒。通常是由主人为客人斟，但有时身份较低的客人也可以代劳，向大家表示敬意。斟酒的顺序是从主宾开始，然后沿顺时针方向依次进行，自己的酒杯要最后斟，也可以不斟。当有人为你斟酒时，你应该表示感谢，感谢的方式以叩指礼最为常见。如果你不想添酒，是可以拒绝的。斟酒者可能会劝酒，但你不必勉强，人家也只是客气而已。

宴会开始时，主人一般都会先向大家敬酒，这时客人应该端起酒杯，互相碰一碰，或者象征性地拿酒杯碰碰桌子，然后喝一口酒，不一定要喝干，除非主人提议要干杯。主人敬酒后，客人们可以回敬主人，也可以互相敬酒。敬酒者如果想表现足够的诚意，应该把自己的酒喝干，并提议对方也喝干；如果对方酒量不好，敬酒者应提议"我干了，您随意"。敬酒时是不能勉强对方的，尤其当对方是长者时更是如此。敬酒的次序应该从身份最高的人开始，依次降低；如果无法确定客人的身份高低，可以自右手开始以逆时针方向依次敬酒。

敬酒要讲究分寸，不可不顾对方的感受而强行劝酒，更不能言语粗俗、势同吵架。只有当双方很熟悉，又知道对方有酒量时，才可以劝酒。这也是中餐宴请比较热闹的地方。

在饮酒前应该礼貌地品一下酒，千万不要为显示酒量而喝得太急，使酒顺着嘴角往下流。这是有失风度的行为，不但暴露了你不会喝酒、不懂酒仪，而且让人觉得你不常交际、性格不沉稳、处世不老练。

宴会中饮酒的量一般要控制在自己酒量的 1／2 以下，以保持清醒，不至于耽误交流。如果你已经微醉，那么当别人向你敬酒时，应该婉言拒绝；如果主人请求你喝酒，则应做适当变通，以免扫大家的兴；如果实在不能再喝了，也可喝一点饮料作为象征。切不可因饮酒过量而失言失态，乃至醉酒出丑。

在酒宴中，不要轻易猜拳行令，更不可吵闹喧嚣，令人心烦。在公共场合不适合划拳，即使主人许可，也应该适可而止，划些文拳聊以助兴即可。

饮酒过程中的表现是很重要的，但是饮酒之后的行为也很重要，不容忽略。

与上司一起喝酒的第二天早上，如果能比平时更早上班，可以获得上司更深的信任。一般人在酒后第二天都会显得体力不济、精神疲倦，如果你能够在此刻表现出过人的精力与意志力，就会明显地与其他人区别开来；另外，还会给上司留下你做事认真、踏实可靠的印象。

另外，遵守喝酒时的约定可以大大增加别人对你的信任，约定的事情越小，就越能体现你的严谨和诚信。有位企业领导曾讲过这么一件事。不久之前，他曾与另外一家公司的几位小职员一起参加酒宴，在宴席上，有位年轻的职员说，他老家有一种自产的土酒，味道不错。这位领导随口附和说，如果方便的话，他还真想尝尝味道。年轻的职员立即答应送他一瓶。几天后，年轻人果真拿了一瓶家乡的土产酒送给他。这种诚意和严谨深深感动了他，他对这名小小的职员刮目相看。一般而言，人们对于不信守约定的行为是反感的，但喝酒时的约定却可以原谅。因此，如果能够遵守喝酒时的约定，必将给人留下深刻印象。是啊，连酒话都能说话算话，那么正式做出的承诺就更是言出必践了！

进餐时意外事件的处理

有的时候，在餐桌上会发生一些意外的事，比如打翻盘子、跌落餐具等等。处理这类事情的原则是要低调，不要大声嚷嚷，也不要不知所措，应该不动声色地处理好，知道的人越少越好。

如果发现餐具不够清洁，不要大声说出来让所有人都知道，也不要自己动手擦拭，而是应该让服务员替你换一套。如果在别人家里做客时出现了这样的问题，一定不要声张，自己知道就行了。如果用餐时不小心打翻了盘子，应该把散落的食物收拾在自己的盘子里，让服务员或女主人尽快拿一块抹布来把桌子擦拭干净，而不要用餐巾擦桌子。如果别人不小心弄脏了你的衣服，不要大惊小怪，更不能喋喋不休；如果你弄脏了别人的衣服，应该表示歉意，但也不要过于啰唆。

在饭店吃饭的时候，如果服务生无意中给你带来损害，切忌揪住不放，而是应该宽容，尽量表现得有风度一些，不要盛气凌人。

阅世比较深的人都知道，判断一个人的品性，要看他怎样对待服务人员或者地位比自己低的人。有一些人在面对自己的朋友、同事或者长辈、上级的时候，会出于理性来克制自己，表现得很有礼貌和教养；而在面对比自己"弱势"的人时，却把他们势利小人的嘴脸暴露无遗。他们用的语气会十分生硬、刻薄，就像发命令似的，以显示自己身份的高贵。鲁迅曾说，他们是羊，同时也是凶兽，但遇见比他更凶的凶兽时便现羊样，遇见比他更弱的羊时便现凶兽样。在"羊"面前表现得像"狼"一样的人，是最没有骨气和原则的，他们会随意变换自己的角色，在更强大的力量面前会表现得低三下四，比软弱的"羊"还要软弱。这样的人是不值得信赖和尊重的，与他们深交是有风险的。

在某俱乐部的宴会上，一位服务员倒酒的时候，不慎将啤酒倒在了客人的头上，而那位客人恰好是秃头。服务员手足无措，其他人目瞪口呆。这时候，秃头客人微笑着说："小老弟，你觉得这种治疗方法真的能有效吗？"在场的人哈哈大笑，尴尬顿消。这位客人的心胸无疑是宽广的，思维无疑是敏锐的，而且很有幽默感。

在饭店里，大多数人不会对服务员表现得很凶，但也还是有少部分人对服务员表现得没有礼貌。要知道，给你介绍菜单或为你点菜的人，与你是平等的，如果你发自内心尊重他们，就应该在言辞上适当体现。几乎可以肯定，能够和颜悦色地对待服务人员的人，都是心地善良、胸怀开阔、自尊心很强的人。如果你具备这些素质，为什么不把它们体现在自己的形象上呢？

退席礼仪

要避免中途退场，如果确有急事，须向主人说明情况，表示歉意，然后向客人点头示意，方可离去，这样可以给人留下谦逊有礼又不误公事的好形象。退席的时机不要选择在席间谈兴正浓时，否则会使人误认为你对他的讲话不耐烦；另外，告辞时不要说"我还有另一个约会"之类的话，因为别人可能误以为你对这个宴会不感兴趣。

无论是中途退场还是宴席结束后正常告别，都要向主人致谢，之后应及时离开，以免影响主人招呼其他客人。如果客人较多，主人很忙，那么可以省去客套寒暄，只需与主人微笑握手就可以了。如果你是主人，应该将客人送到门口，握着他们的手感谢他们的光临。在宴席开始后是不适合交换名片的，如果你在宴席开场之前没有与人交换名片，就应该在退席的时候交换名片，也可以约定下次见面的时间。

费用问题

无论是正式的宴会，还是小规模的午餐，当某个人第一次邀请他人赴会时，邀请者应该承担约会的费用，这一点是毋庸置疑的。即使邀请者是女性，而且双方约会不是为了工作，她仍然要承担从头至尾的一切费用。如果不是这种情况，双方可以根据各自的财力分担费用。有很多人参与的宴会同样如此，比如说，如果四五个人经常聚餐，那么就可以 AA 制，或者每次聚餐之前说清楚如何付账。

最重要的是，在赴宴之前，所有人都应该知道此次由谁做东，不应出现推托付账、抢着付账或者某人临时借钱的尴尬。再也没有比争吵"由谁付账"更倒胃口的了。在我们的生活中，大部分人都直接或者间接地遇到过这样的尴尬场面：几个人为了表示友好，为了争付一笔数目不大的账单而推推搡搡，甚至像打架一样。我在公共汽车上就见到过这种情况，令人浑身不舒服。谦让是美德，但是这种古怪的谦让无论如何也无法让人产生美感。我们一定不要在他人心目中留下这种印象。

第 6 节　　交往中其他细节

女士优先

在世界上许多国家和地区，"女士优先"都是一条基本的社交原则，它不仅是顺序上的优先，更体现着对女性的尊重和照顾。不遵守这一成规的男性会被认为缺乏绅士风度和大丈夫气概。

具体说来，女士优先是指：进入剧场或电影院，女士先行，男士走在后面向检票员出示门票；在公共交通工具上，男士不仅不应与女士抢座位，而且要让座；到衣帽间存放衣物，男士要帮女士存放好后才轮到自己，取衣物时也是一样；就餐时，男士要为女士拉椅子；与女士同行，男士要帮她拿手包以外的物品；遇到下雨，男士要主动撑伞……总之，无论在何种场合，男士都应尽可能地帮助女士。

只有在需要男士去排除故障或有利于照顾女士时，男士才走在前面。

需要注意的是，"女士优先"要有一定的限度，也就是说，男士在实践这一礼仪的时候要小心，尽量适应周围人的观念，以免让人产生误解，以为两人之间有什么不寻常的关系。这种顾虑是必要的，因为礼仪并不是超时空的，而是有其特定的土壤，应该根据环境而做出适当调整。

做客与待客

人际往来中很重要的一项是拜访他人或者接待客人。在做客时要遵循以下礼节：

预约时间，并准时拜访。预约好的时间不能轻易更改，更不能失约，如果不得不变动，一定要尽早通知对方并表示歉意，以便对方另做安排。预约拜访的时间要以不妨碍对方为原则，应尽量避开吃饭时间、午休时间或者晚上十点以后。大致说来，最适宜的时间是上午九、十点钟，下午三、四点钟，晚上七、八点钟。

到达要拜访的地方之后，必须先敲门，不要贸然入内，即使门户敞开也要在门口敲两声，待获得允许后才可以进入。进屋后，如果看见其他客人，不管熟悉与否，都要微笑示意或打招呼。

拜访时间不宜过长，既不能单刀直入而显得唐突，也不能绕来绕去令人厌烦，而是应该适当把握谈话的内容与方式。切忌滔滔不绝、不知深浅，更不能影响主人的休息。

拜访结束时应向主人热情道别，如果主人出门相送，应真诚谦让，让对方留步。

以上是拜访他人的礼节。如果有人来拜访你，那么就要遵循另外一套规矩，总的原则是要让来访者感觉到宾至如归。客人告别时，你应该表示挽留；等客人起身告辞时，你才能站起来送客，不能客人一说要走你就站起来。送客时切忌坐着不动，否则会使客人觉得你摆架子。送客时也不能看表，或者心不在焉，这会让客人觉得你不欢迎他。

客人出门时，不要马上关门，尤其注意不要把门关得很响，这容易引起客人的误解。如果把客人送到电梯，应该等电梯门关上再走，如果客人刚进电梯你就转身离开，会让人觉得你把客人当作了负担。

如果客人临走之前留下礼物，主人应该真诚地表示感谢。如果礼物不十分贵重，可以欣然接受；如果礼物昂贵，应该婉言推辞。无论是接受还是推辞，只要合情合理，都会加强你亲切、体贴的形象。

TIP

本章要点

★为了树立自己从容优雅、体贴周到、精明强干、值得信赖的形象，我们必须养成做计划的习惯。

★现在通信发达，如果你要约见某人，只要提前打一个电话就可以。在约见电话中，你还可以进一步征求对方的意见，使对方有个准备。这样的电话可以充分表现你对对方的尊重，帮你塑造一个礼仪周全、简洁干练的好形象。

★边看记事本边约定时间，还可以给对方留下谨慎、守时的好印象。

★浪费别人的时间是不礼貌的行为，一方面意味着对别人的不尊重，另一方面也暴露了自身能力的低下。

★迟到之后，最忌讳不断地赔罪。

★无论是在职场还是在生活中，都要注意两个方面：一方面，必须有主见、坚持原则、敢于开口、不怕冲突，这是"硬"的一面；另一方面，要宽容、随和、善于变通，这是"软"的一面。刚柔相济、软硬兼施、亦方亦圆，才能树立起既威严可靠又亲切随和的形象。

★与别人一起吃饭时，如果总是不能决定自己要吃什么，会给人留下判断力不足的印象。

★遵守喝酒时的约定可以大大增加别人对你的信任，约定的事情越小，就越能体现你的严谨和诚信。